Ⓢ新潮新書

山口亮子
YAMAGUCHI Ryoko

日本一の農業県はどこか

農業の通信簿

1026

新潮社

はじめに

農業だけが取り残されている。物価の上昇のことだ。

とくにここ2年は、食品の値上げが連日のように報道されている。2023年の食品の値上げは7月までに判明しただけで3万品目を突破し、過去最大級の「値上げラッシュ」を迎えていると、信用調査会社の帝国データバンクが伝えている。パンやカップ麺、調味料、菓子など、さまざまなものが値上げされてきた。

総務省は、2020年の価格を100とした場合に、現在の価格がいくらになるかを「消費者物価指数」として公表している。それによると、23年7月に食料は113・1だった。3年で価格が13・1%上昇した計算だ。

ところが、農産物はこうした値上がりから縁遠い。

農林水産省は、農業版の消費者物価指数と言える「農業物価指数」を公表している。やはり20年を基準として、現在の農産物や資材の価格がいくらになるのか算出したものだ。それによると、23年7月に野菜は101・9だった。3年の間に価格がほとんど変わっていない。コメに至っては84・2であり、15・8%も値下がりしている。

かたや、農業に必要な経費は上がっている。種や苗、農薬、肥料、燃油、段ボール、農機具といった農業に必要な資材は、7月の指数が120・9だった。20年に比べて2割も値上がりしている。コメの価格が下がっていることと、好対照をなしている。

農産物の価格は上がらない。経費は増える。当然の結果として、所得は減ってしまう。農家の手元に残る所得がいくらか、ご存じだろうか。農家の世帯員1人当たりの農業所得は長年、年間40万円を下回ってきた。農業所得を労働時間で割って時給に換算したら、最低賃金を下回ってしまう。時給が200円台～300円台というのはザラである。

農家のほとんどは家族経営で、経営としての農業と生活の境目があいまいである。労働基準法は、同居する親族だけを労働力とする家族経営には適用されない。だから、労働に対する報酬をじゅうぶん確保できなくても経営を続けることが許されてしまう。

農家が農地や家を自前で所有しているとしても、ふつうであれば、これでは食えない。それでも生計が成り立つのは、年金や兼業先の会社の給与といった農業の外で得た金を、儲からない農業につぎ込むからだ。

零細で儲からない農家がひしめき合うという農業の構造は、長年変わってこなかった。結果として生産性は他産業に比べて低く、財政の効率も悪い。物価高で経費がかさみ、所得が減ったり赤字が増えたりするなか、零細農家の経営はいよいよ厳しくなっている。農家の平均年齢は上がり続け、22年に68・4歳に達した。統計でみると、70歳を超えた農家は一斉に引退する。そんな「大量離農時代」がすでに始まっていて、今後は離農に拍車がかかる。

高齢で零細な農家の引退は、世間で思われているほど悪いことではない。規模を大きくして、効率のいい農業を営む。これは、日本の農政が長らく目標に掲げながらも実現できなかったことだ。無理強いしなくても離農が進む現状は、この理想を実現するまたとない好機である。ただし、どの地域にも農地の受け手が必ずいるとは限らない。離農が進むにつれ、耕作放棄地が増えていく地域もある。規模の拡大か耕作の放棄かという二極化がこれまで以上に進んでいく。

加えて、儲かっていない家族経営は規模を大きくできないという問題がある。農地を広げるには、家族経営から、従業員を雇う雇用型経営へ脱皮する必要がある。果たして、大量離農を農業の変革につなげることができるのか。農家の力量が問われているのはもちろん、それを支える都道府県の力も問われる時代になった。

日本の農業地図はいま、大きく塗り替えられようとしている。これまでの優良産地であっても、変化に適応できなければ一気に衰退しかねない。作る品目や、地理的な制約、労働力の過多といった産地によって異なる条件が、今後の行く末を左右する。

だから、通信簿をつけて、産地の将来を占ってみよう。そう考えて、さまざまな指標を使い、都道府県をランキングしてみた。具体的には、農業の財政効率や生産性、農地の集積率、食料自給率などである。

「こんな県が1位?」という番狂わせもあった。「農業県」を名乗っていない意外な県が、財政の効率や生産性で健闘していた。そうかと思えば、自他ともに認める農業県の内実が問題だらけということもあった。

通信簿を通して見えてきたのは、農作業の効率化や、消費や流通の変化に対応するより、農水省が机上で作った政策にただ乗っかる県の多さだ。そして、結果としての農業の衰退だ。

激動の時代に生き残れる産地は、いったいどこなのか――。

日本一の農業県はどこか　農業の通信簿——目次

第1章　コスパ最高の農業は群馬にあり

1　魅力度ランキングでは低空飛行でも

お前はまだグンマを知らない

「そんなに怒らなくても……」

テレビから流れてくるニュースの映像を前に、そう思ったのは２０２１年10月のこと。視線の先では、群馬県の山本一太《やまもといちた》知事が口をとがらせ、しばしば声を裏返らせながら抗議している。

その矛先は、民間の調査会社が毎年公表する都道府県の「魅力度ランキング」。21年に群馬は44位、つまり最下位から4位と評価されていた。ビリならまだしも、知事が不満を爆発させるにはいささか中途半端な順位である。

「根拠の不明確なランキングによって本県に魅力がないと、こういう誤った認識が広まることは県民の誇りを低下させるのみならず、経済的な損失にもつながる由々しき問題だと思っています」

テレビに映る山本知事は、眉根を寄せて、怒ったような困ったような表情で切々と訴えた。あげくに「弁護士と相談の上、法的措置も検討して参りたい」と、表明したのだ。とはいえ、違法行為として問題にするのは難しいと発言の直後から報道で指摘されてきた。群馬県は結局、法的措置を取らなかった。

「法的措置」発言には、政治的なパフォーマンスの感が強かった。同県出身でもともと同県選出の参院議員だった山本知事は、県知事選への立候補を決めていた19年に「群馬県の持つ潜在力や魅力を最大限に引き出し、群馬をもっともっと輝かせたい！」と繰り返し強調していた。それだけに、魅力度ランキングで順位が低いのは沽券にかかわると感じたのかもしれない。

今にして思うのは、山本知事こそ自県の魅力を把握できていなかったということだ。群馬の農業は突出した実力を持つ。反論をするのなら、そうした誰もがすごいと思う分かりやすい魅力を示せばよかったのだ。

同県と対照的なのは、最下位だった茨城県の大井《おおい》川和彦《がわかずひこ》知事。13年目を迎えた魅力度ランキングについて、「少し賞味期限切れてきたかな」と揶揄した。さらに、「最下位になろうが何しようが我々にとってはあまり痛くもかゆくもない」と余裕の発言で、何やら〝王者〟の風格すら漂わせる。最下位でもない群馬がひとり食ってかかっている格好になり、生真面目な対応が悪目立ちしてしまった。

茨城は13年から7年連続で最下位。それが「20年に42位に浮上し、大きな話題となり」、そのことを記念して21年10月の魅力度ランキング公表直前に「茨城県　魅力度最下位の過ごし方」という自虐的なタイトルの冊子を出していた。県として魅力をどう情報発信してきたかまとめたもので、長年最下位だったことをネタに昇華している。

群馬には申し訳ないが、四国の愛媛出身である私は最近まで、北関東の茨城、栃木、群馬という3県が地図上にどう位置するかよく分かっていなかった。群馬の魅力と言われても正直思い浮かぶことがなく、「何が?」と聞き返すしかない。同県出身であり郷土愛に燃えているであろう山本知事の思いは理解しつつも、魅力度ランキングはあながち的外れではないと感じていた。

都道府県を対象としたこの調査は、「ブランド総合研究所」が09年から発表しており、発表のたびに下位の知事がどう反応しているかが報じられてきた。北海道が15年連続で

1位に輝き、茨城が12回も最下位に選ばれるなど、上位と下位は比較的固定している。そんななか、毎回40位以降の下位集団に属しているのが群馬だ。

群馬が低位に来る理由を、「どの程度魅力を感じますか」と一口に聞かれてしまうことにあると、山本知事は指摘する。魅力度ランキングの調査の回答は選択式。「とても魅力的」100点、「やや魅力的」50点、「どちらでもない」「あまり魅力を感じない」「全く魅力的でない」0点として集計している。この結果、21年に群馬は全回答の平均が15・3点で、44位になってしまった。なお、1位の北海道は73・4点、2位の京都は56・4点、最下位の茨城は11・6点だった。

21年の1〜3位は順に北海道、京都、沖縄。いずれも国内を代表する観光地であり、「北の大地」「古都」「南国リゾート」といった分かりやすいイメージがある。その分、魅力を感じてもらいやすく、魅力度ランキングの上位に来ているようだ。

対する群馬。愛媛出身の私は正直、その具体的なイメージを持ち合わせていない。群馬と言えば、「草津温泉」や「伊香保温泉」といった温泉地を思い浮かべる人が、関東だと多いらしい。山本知事は、まさに草津温泉のある草津町出身で、祖父は老舗の温泉旅館の主で町長を務めた。とはいえ温泉に関する各種のランキングによると、全国的には温泉地と言われると大分を思い浮かべる人が多い。

「群馬はこれだ」という分かりやすい魅力を打ち出しにくい。そのことに対し群馬で積もり積もってきたいら立ちが、山本知事によって一気にぶちまけられた。こう見たら、うがち過ぎだろうか。

群馬で温泉を思い浮かべる人は少なくないだろう。だが、農業についてはどうか。思い至る人は決して多くはないはずだ。ましてや、まさか全国一の農業県だとは。

私もそうだった。エクセルに各県の農業統計を流し込み、分析をかけるべく計算式を打ち込んでエンターキーを押す、その瞬間までは……。

農業報道はどこもかしこも「お国自慢」ばかり

「農業の通信簿」と称して各県の農業をランキングしてみようと考えたのには、多少、個人的な事情もある。

私はもともと、テレビや新聞といったニュース媒体に記事を配信する通信社に勤めていた。秋田市にある秋田支局で地元の話題を取り上げていたころから、仕事の主戦場を勝手に農業と定めていた。

そう決めた理由は二つある。一つ目は、農業になじみがあったからだ。私が高校まで過ごした愛媛の実家は、中山間地域にあり、祖父母の代まで農家を主業としていた。いわゆる専業農家である。

祖母と両親からは「農業では食えない」とよく聞かされた。集落に残っているのは、生計を立てるための稼ぎ口を農業とは別に持つ兼業農家ばかり。農業は食えないと周りから刷り込まれつつも、なぜなのかという反感も持ち続けてきた。

理由の二つ目は、秋田が全国的に話題を呼ぶ事件や事故のニュースに乏しい一方、農業のネタがそれなりにあったからだ。農業県であり、県庁で農林水産部が幅を利かせていた。当時、同部の次長は農水省からの出向者で、そのことは農水省が秋田を重視していることの表れでもあった。

加えて、私が勤めていた通信社は農業専門の情報誌を創刊したばかりだった。これ幸いと、興味のある農業ネタを取材して寄稿するようになる。

のちに農業の取材が面白くなり、通信社を辞めて仕事を得やすい首都圏に出る。それからは取材先を全国に広げ、都道府県に当地の農業について聞く機会をしばしば持った。そうすると、どこも公式見解として「うちの農業は頑張っている」と主張する。

これは、農業に限らずほかの分野でもよくあること。とはいえ、農業の担当課が示す根拠となるデータは、概して独りよがりだ。

たとえば秋田は19年に「枝豆出荷量日本一」を誇っていた。しかしこれには条件があり、京浜地区中央卸売市場（東京、横浜、川崎）に限った出荷量である。

生産量でいうと1位は群馬で、秋田は6位に過ぎない。県によっては「出荷量日本一」を名乗るため、市場を東京都中央卸売市場の大田市場に限る、さらには出荷時期を限定するといったなりふり構わぬ荒技を繰り出すこともある。

高知はビニールハウスといった施設を使った野菜の栽培が盛んだ。山がちな地形で1経営体当たりの農地が狭い分、手間をかけつつ面積当たりで高い収穫量を挙げ、所得を高める。ただし、「面積当たりの生産効率は全国トップ」（同県）という主張は割り引いて考えなければならない。同県の資料にある2位以下を大きく引き離した棒グラフの下部をよく見ると、細かい字で「※産出額は、米、畜産、加工農産物を除き、耕地面積は、米（水陸稲）を除いて算出」と注意書きがある。正確には「コメ、畜産、加工農産物を除いた面積当たりの生産効率が1位」ということだ。

こういうものを基に原稿を書いても、お国自慢の垂れ流しにしかならない。実際、テレビや新聞の報道は、こういう資料を鵜呑みにして都道府県の農業をほめてばかりいる。テレビや一般紙には農業の専門記者を育てる余裕がない。予備知識のない記者は、手っ取り早くプレスリリースをもとにニュース原稿を作ってしまう。通信社時代の私もまさにそうだった。

では、人員を潤沢に確保している地元紙であれば批判的な記事も書けるかというと、そうとは限らない。県政をあまり批判すると、県庁が嫌がらせに情報の提供を渋るようになる。秋田支局にいたころの地元紙がまさにそうだった。県政に批判的ないい記事を次々と出していた県政取材班のキャップ（リーダー格のベテラン記者）は、就任からわずか1年で他の部署に飛ばされてしまった。農業を専門とする新聞や雑誌も、課題が山積している実態を理解しつつも、情報の提供元、場合によっては広告の出稿元になる都道府県に遠慮して批判を封じがちだ。

現実はどうか。農畜産物とそれを原料に作った加工農産物の売上額である農業産出額は、後述するように全国的に下がる傾向にある。都道府県による自慢とは裏腹に、各地の農業は概して厳しい。生産の量も金額も減って、農家は後継者がおらず高齢化している。

戦中に、都合のいいことばかりを報道する「大本営発表」があった。現在の農業の報道には、そのころと似たところがある。メディアの怠惰や忖度が農業の衰退に一役買っているのだ。

どうせなら、自分でランキングを作ったらどうか。現実を反映したランキングで各地の実力を示し、分析できれば、農業を成長させる方策まで示せるかもしれない。都道府県や農家にこのままではいけないと発奮してもらうきっかけにもなり得る。そう決意したまではよかったのだが……。

どんな指標を使えばいいのか

すぐに壁にぶつかった。私は、各地の農政を評価するうえで、目玉となる指標を決められなかったのだ。

農業の成長産業化を長年訴えてきたのは、宮城大学名誉教授の大泉一貫《おおいずみかずぬき》さんだ。専門は農業経営学。規制改革を議論する政府の「規制改革会議」や、第二次安倍政権が産業の競争力強化を議論した「産業競争力会議」の農業分科会などで、専門委員や有識者を歴任している。

大泉さんに都道府県の農政を評価するうえで有力な指標について伺ったところ、「都道府県の農業産出額を農業関連の予算で割れば、どれだけ効率のいい農政をやっているかランク付けできる」というアドバイスをいただいた。

農業産出額とは、農家が手にする売上高を足し合わせたものだ。品目ごとにその1年に販売した数量に農家が受け取る価格（農家庭先価格）を掛け、全品目を合計することで求める。地域ごと、あるいは品目ごとの生産動向を把握するのに便利な指標である。

概して農水省は、業績の管理や評価をするために重要な指標となる「ＫＰＩ」（重要業績評価指標）を示さず、実施した政策の効果を検証してこなかった。14年以降は一部でＫＰＩを示すようになったものの、輸出額の目標や農地の集積率、コメの生産費の低減など、対象はほんのわずか。達成できなくても反省しないという態度は、従来と変わっていない。

大泉さんは、このことを不満に感じてきた。そこで、7年ほど前に自ら農業産出額を予算で割るこの計算をして、都道府県を順位付け、農水省の幹部職員に示している。「県が1万円稼ぐのに、どの程度の財政を使っているかという指標を出した。それを見た幹部は、『うちの組織でやりますから』と言っていたけれど、結局そのまま反故《ほご》にしてしまった」

大泉さんは、農水省として省内や都道府県の間で議論を巻き起こしそうな指標を出すのはまずいと判断したのではないか、と推測する。というのも、費用対効果は、農業予算を組むうえで二の次、三の次だから。農水省に財政効率を度外視した事業の多いことは、財務省が繰り返し指摘している。詳細と理由は後ほど述べたい。

私は大泉さんの話を聞いて、それまで五里霧中だったのが、一気に視界が晴れた思いがした。農水省として出すとまずい各地の実力が測れる指標。これを出さない手はない。渡りに船と早速該当する統計を引っ張り出し、エクセルに数字を流し込む。都道府県ごとの順位が一瞬で表示された。

1位の表示を探して、視線がしばしさまよう。ここに違いないと目算を付けていたところはすべてハズレ。ようやく見つけた1位は、なんと群馬だった（図表1）。

呆然とする。何かの間違いだと思った。ノーマークだったからだ。

群馬の農業とはなんだ。しばらく考えて浮かんできたのはなぜか、ゆるキャラの「ぐんまちゃん」。きつね色でキツネと間違えそうだが、群馬という県名にちなんで馬のポニーをモデルにしている。2014年に「ゆるキャラグランプリ」で優勝を果たし、22

図表1　1円の農業予算が生む農業産出額　2021年(度)

単位：円

順位	都道府県	農業産出額÷農業予算	順位	都道府県	農業産出額÷農業予算
1	群馬県	13.02	25	香川県	4.98
2	茨城県	12.99	26	三重県	4.92
3	栃木県	11.02	27	徳島県	4.84
4	宮崎県	10.91	28	京都府	4.63
5	青森県	9.91	29	佐賀県	4.52
6	鹿児島県	9.38	30	愛知県	4.29
7	埼玉県	9.36	31	宮城県	4.28
8	長野県	8.67	32	兵庫県	4.15
9	千葉県	8.43	33	奈良県	3.93
10	神奈川県	7.70	34	岐阜県	3.92
11	熊本県	7.20	35	大分県	3.55
12	北海道	7.20	36	新潟県	3.30
13	山梨県	6.68	37	大阪府	3.10
14	和歌山県	6.59	38	福島県	2.96
15	広島県	6.58	39	秋田県	2.92
16	岩手県	6.24	40	滋賀県	2.77
17	高知県	6.12	41	山口県	2.72
18	愛媛県	6.11	42	東京都	2.64
19	長崎県	6.03	43	島根県	2.38
20	岡山県	5.97	44	沖縄県	2.14
21	静岡県	5.58	45	富山県	1.89
22	山形県	5.53	46	福井県	1.81
23	福岡県	5.18	47	石川県	1.65
24	鳥取県	4.98		全国	5.71

資料：総務省「令和３年度都道府県決算状況調」、農林水産省「令和３年生産農業所得統計」

注：対象は一般会計と特別会計
ただし、施設を対象とする災害復旧費は含まない

年の末まで東京は銀座の一等地に「ぐんまちゃん家《ち》」というアンテナショップを構えていた。1階の物販コーナーには農業ともかかわる特産品が並んでいたはずだ。

前職の通信社がアンテナショップのすぐそばに本社を置いていた。そこに出勤していた私は、ガラス張りの店内を頻繁にのぞいていたため、その店構えが脳裏に焼き付いていた。

ところが、「これぞ群馬」という農業に関連した特産品があまり思い当たらない。強いて言えば、コンニャクイモくらいである。コンニャクイモは群馬が誇る特産の一つで、全国で9割以上のシェアを誇る。相場が上がって農家が豪壮な「コンニャク御殿」を建てた良い時代も、かつてはあったらしい。

とはいえ、コンニャクが稼ぎ出す金額は知れている。それなのに自分がはじき出した計算の結果は、群馬の農業こそが最強だと言っていた。

北海道をはるかに凌ぐ底力

私が想定していた1位は、ほかでもない日本の農業王国である北海道。地域内で生産された食料の割合を示す食料自給率1位、農業産出額1位といった具合に有名な指標で頂点に立つからだ。

道内を車で旅すると、どこまでもまっすぐな道が印象に残る。両脇に広がるのは、往々にして農地だ。

道東の一大酪農地帯を走ると、牧草地と飼料用のデントコーンが植わった畑が延々と続く。北上した先の畑作地帯では、タマネギやジャガイモ、砂糖の原料になるテンサイなど。道央の空知地方の稲作地帯は本州以南のように水田が広がるが、1枚が広いため風景の雄大さは本州とは段違いだ。

1枚の農地は、広いものだと数ヘクタール（1ヘクタールは1万平方メートル）にもなる。その上を走り回る農機の馬力は桁違いで、躯体が巨大化する。大型トレーラー並みのジャガイモの収穫機や、ふつうの倉庫には格納できないテンサイの収穫機。これらは私が今まで目にした自衛隊の戦車よりよほど大きかった。見た目が白くていかついランボルギーニ製トラクターといった、よほど儲からないと買えない機械も目にする。

規模で言うと、畜産も大きい。農業の大規模経営は「メガファーム」と呼ばれ、酪農では一般的に、生乳生産量が1000トン以上で、乳牛を100頭以上飼う経営を指す。北海道ではメガファームが珍しくなくなり、さらにその10倍である1万トン以上の生乳を生産する「ギガファーム」まで生まれている。わずか１農場で、一つの県を超える生産規模を誇ると言えば、その巨大さが実感できるだろうか。21年の生乳生産量で言うと、東京、福井、大阪、和歌山の４都府県は１万トンを下回っている。

農水省が最も重視する指標のひとつに、カロリーベースの食料自給率がある。エネルギー（カロリー）に着目して、国民１人に供給される熱量のうち国内で生産された割合を示す。21年度の日本のそれは38％である。

北海道は都道府県別のカロリーベースの食料自給率で、５年連続で首位に立ち、21年度は２２３％だった。道内で生産する食料は、道民の２倍強の人口を養っている計算になる。それもあって「日本の食料基地」とも呼ばれる。

生産量で１位を誇る品目は、ジャガイモ、タマネギ、カボチャ、ニンジン、スイートコーン、生乳など多数ある。

その農業産出額は、21年は１兆３１０８億円。全国で８兆８３８４億円なので、北海道は実に14・８％を占める。まさしく農業王国の名に恥じない規模だ。

農業関連の予算額も産出額と同様膨大で、21年度は１８１９億円。産出額と予算額ともに都府県とは桁が一つ二つ違う。

それだけに、農業で最強に違いないと思い込んでいた。だから産出額を予算で割ったコスパを出したとき、12位という結果がにわかには信じられなかった。

北海道の21年の農業産出額を21年度の農業関連予算で割った結果は、7・2円。農水省が集計する農業産出額は年を単位とし、総務省が集計する予算は年度を単位とする。そのためズレが生じるが、予算額は例年大きく変わらないので大枠を捉えるぶんには問題ないはずだ。

北海道は1円の予算につき7・2円の産出額を挙げていることになる。全国だと5・7円なので、良い方とはいえ、桁違いの成果とは言えない。

北海道が財政効率で1位でないとなると、トップは畜産が盛んで農業産出額の伸びが著しい鹿児島、宮崎を擁する南九州ではないか。こう考えて目を転じると、宮崎4位、鹿児島6位となっている。

こうなったら、関東、関西、中京という大都市圏の需要を広く取り込む愛知に違いない。そんな目算は、30位という結果に見事に裏切られた。愛知は1円の予算で4・3円という全国の値より低い産出額しか稼いでいなかった。

愛知の3倍以上、北海道と比べても倍近い成果を挙げる猛者は、繰り返しになるが群馬だ。1円の予算で13円の産出額を挙げている。過去をさかのぼっても20年1位、19年2位、17、18年は3位とここ5年は必ず3位内に付けている。

居並ぶ猛者を抑えてトップに立つ群馬。私にとってはダークホース（穴馬）だったものの、他県を凌ぐ実力は相当なものに違いない。

なぜ群馬は強いのか。

2　国の指標では評価されない実力

影の薄いオールラウンダー

まず確かめたのは、群馬県の農業産出額の内訳だ。

それは、全国平均と大きく異なる。野菜と畜産の構成比が高く、21年の農業産出額に占める割合は野菜37・1％、畜産48・2％で合わせて85・3％。全国平均では両者の合計は6割に過ぎない。

多くの府県において、一品目で農業産出額を最も稼ぎ出すのはコメだ。全国平均だと15・5％を占める。ところが群馬県においてはわずか4・6％。コメの構成比が少ないことが、後で述べるように予算の費用対効果を押し上げている。

同県の農業の特徴を県農政課予算係の職員はこう説明する。

「雄大な山々を背景に豊富な水資源、全国トップクラスの日照時間、標高10メートルの平坦地から1400メートルの高冷地まで広がる耕地を有しています。また、東京から100キロ圏内に位置し、高速道路や鉄道網の整備により、首都圏への農畜産物の出荷が盛んです。このような恵まれた環境を生かして、多彩な農業が営まれています」

豊富な水や日照時間の長さは群馬に限らず近隣の長野、山梨、栃木なども共通する。全国の野菜産地で多かれ少なかれ言われていることなので、自然条件の有利さが農業の振興にどの程度寄与しているかは差し引いて考える必要がある。

だが、職員が言う「多彩な農業」は、まさに群馬の農業の特徴である。と同時に、その農業を捉えどころがないものにしている理由でもある。

畑の面積は全国9位と多い一方、田の面積は32位と少なく、コメ以外の作物が盛んに作られてきた。県内には伊勢崎市、昭和村、嬬恋《つまごい》村といった野菜の大産地が点在する。嬬恋村と昭和村はいずれも戦後の開拓で大規模に農地が造成され、それぞれキャベツやレタスの大産地として地位を確立した。

昭和村は高速道路・関越自動車道のインターチェンジがあり、東京の練馬インターチェンジまで80分ほどで野菜を輸送できる。村は「やさい王国」を名乗っていて、群馬県も儲かる野菜経営の育成を目指して「『野菜王国・ぐんま』推進計画２０２０」を策定するなど、県内で「野菜王国」という呼び名が広がりつつある。

「野菜では、生産量全国第1位を誇る夏秋キャベツや全国第2位のキュウリ、畜産では乳用牛やブタなど、全国トップクラスの生産量・飼養規模を誇る品目が多数あります」

県農政課がこう説明するとおり、群馬はあらゆる農産物を作りこなせるオールラウンダーなのだ。野菜王国に加え、「畜産王国」や「豚肉王国」といった呼び名もある。

そんな多彩さは、裏を返すと、抜きん出た特徴がないということでもある。

生産量で全国上位の品目（21年）を見ても、ほとんどが他県のイメージに圧されて影が薄い。

キャベツ	1位	群馬	2位	愛知
キュウリ	1位	宮崎	2位	群馬
梅	1位	和歌山	2位	群馬

ホウレンソウ　1位　埼玉　2位　群馬
ナス　1位　高知　2位　熊本　3位　群馬
レタス　1位　長野　2位　茨城　3位　群馬

いずれも群馬が大産地だと知っている消費者は少ないのではないか。

トップクラスなのに、知られていない。すごいけれど、なんか地味。群馬は日本の食を支える陰の立役者といったところか。

「群馬県の農業は何ですかと聞かれても、答えが出てこない」

こう話すのは高崎経済大学の元学長で名誉教授、いまは一般財団法人・農政調査委員会の理事長を務める吉田《よしだ》俊幸《としゆき》さんだ。長年にわたって農地や農政を研究してきた。同学は、群馬で最大の人口を擁する高崎市にある公立大学である。

「群馬は工業団地を各地に整備したこともあって、太田、館林、前橋、高崎、桐生といったそれなりの工業地があって雇用があるんですよ。その周りで多様で特徴のある農業をやっているので、群馬を代表する農業や農業地域を特定できない」（吉田さん）

産地だけでなく、農畜産物の品目も多様である。

多芸な割に損をする「器用貧乏」と同じ意味で使われる言葉に、「鼯鼠《ごそ》の技《ぎ》」がある。鼯鼠つまりムササビは、飛ぶ、よじ登る、泳ぐ、穴を掘る、走るという五つの技を持っているものの、どれも極めていないという意味だ。

群馬の場合、農業生産に秀でた品目はブタやキャベツ、生乳、肉用牛、キュウリ、鶏卵などさまざまあり、五つ程度では収まらない。それに各農家が生産技術を極めているので、鼯鼠の技とは違う。

そうではあるが、くしくも同県の形はムササビが飛ぶさまによく似ている。ちなみに群馬県民は「鶴舞う形の群馬県」と表現する。1947年に発行された群馬を代表する郷土かるた「上毛かるた」にこのフレーズがあるからだ。とはいえ、群馬の地図に鶴の姿を読み取るには、相当ひいき目に見ないと難しい。

吉田さんは言う。

「そもそも『上毛かるた』自体が、群馬は多様だということの表れですよ。いろいろな特徴を持った地域があるということを詠んでいる」

「上毛かるた」は絵札と読み札が44枚ずつあり、県内の名所旧跡や輩出した人物などに題材をとる。群馬大学によると、その発行部数や競技大会の開催数は全国一で、「日本一の郷土かるた」と言われている。「い」は「伊香保温泉日本の名湯」、「ね」は「ねぎとこんにゃく下仁田名産」という具合に各地域の特徴を捉えており、郷土教育に役立つと広まった。ある意味、県としてのまとまりがないからこそ普及したと言える。

多彩であるものの、これぞという特徴に乏しいのが裏目に出る。冒頭で紹介した「魅力度ランキング」における低空飛行は、その好例だ。

その農業版と言えそうなのが、先ほど取り上げたカロリーベースの食料自給率だ。国が2030年度までに45％まで高めると掲げるこの指標において、群馬県は33％に過ぎず、全国平均の38％を下回る（21年度）。

野菜はカロリーが低い。畜産については、肉は摂取カロリーが高い反面、家畜に与える飼料を輸入に頼っているぶんが差し引かれ、カロリーが低く計算される。全国1位のコンニャクにしても、低カロリーでダイエットに重宝される。カロリーベースの食料自給率でその農業の実力を評価しようとすると、見誤ってしまう。

一芸に秀でていない。カロリーベースの食料自給率の向上にも貢献しない。けれども、何でもできるムササビのように主要な農畜産物は一通りカバーしている。鮮度のいい野菜や肉などを、とくに首都圏に向けて供給し続けている。4400万人の胃袋を満たすうえで、欠かすことができない縁の下の力持ち。それが群馬の農業なのだ。

強さの源流は生糸にあり

「行政の農業予算が相対的に少なく、民間の農業が強い。関東は早くから商品経済が発達し、商品作物が作られてきた。立地の良さと、これまでの歩みが経営者マインドのある農家を育てたということ」

大泉さんは、群馬をはじめとする関東が財政効率の良い農業を実現できた理由をこう解説する。

商品作物は、「換金作物」とも言う。商品として売るための作物だ。江戸時代に盛んに栽培されるようになり、幕府や諸藩が収入を増やすべく生産を奨励した。関東は、江戸という一大消費地を擁するだけに近郊農業が発展していく。

かつて商品作物の代表格だったのが、繭《まゆ》だ。日本にとって繭から作る生糸は明治から昭和初期まで最大の輸出商品だった。生糸や蚕の卵である蚕種の輸出による外貨獲得は、日本が近代化する礎を築いた。それと同時に群馬の農業が今の形に発展する礎ともなった。

同県南西部の富岡市にある日本初の本格的な器械製糸工場である富岡製糸場は、いまや世界遺産に認定され、群馬県を代表する観光地になっている。繭の生産量で同県は1位を保つ。

戦前は外貨を獲得する手段として全国的に養蚕が盛んで、昭和の初めは農家の4割が養蚕を手掛けたとされる。なかでも群馬は一時、農家の7割を養蚕農家が占め、畑の47%を蚕のエサにするための桑園が占めるほど養蚕に依存していた。コメとその裏作としてのムギ、そして養蚕が農業経営の柱になっていた。

その養蚕は、1929年に始まった世界恐慌による生糸価格の暴落で危機に陥る。農業を再建すべく畜産に目が付けられ、農家の庭先でニワトリを数十羽飼うような「庭先養鶏」が始められた。国内で自給できない飼料を、大手商社が旧満州や台湾、アメリカから買い付けて、農家に供給した。これが群馬の畜産の基礎となり、のちにブタやウシといったより大きな畜種へと広がっていく。戦前から商社との結びつきが強かったために、畜産分野での契約生産がいち早く進んだようだ。

戦後に、ブロイラー（肉鶏）の契約生産が日本で初めて行われたのが群馬である。当時東京で最大の食鳥問屋と群馬県経済連（農協の流通、販売を県単位で担う組織）が、57年ごろに最低買取価格を保証する形で契約生産を始めた。これが成功を収めたことで、ブロイラーの契約生産が全国に拡大する。こうして鶏肉が安価で大量に供給される体制ができあがった。私たちが今日、国産の鶏肉を手軽に消費できるのは、群馬のお陰と言えるかもしれない。

一方の養蚕は、戦後に絹を模した安価な化学繊維が普及したこともあって、否応なしに縮小していく。養蚕に代わる農業が地域ごとに追求された結果、畜産や野菜を取り入れ、首都圏の需要に応える多彩な農業という群馬の現在の姿が立ち現れることになった。

交通の利便性という強みができたのも、養蚕のおかげだった。吉田さんは言う。

「高崎は国内の主要な都市に鉄道と高速道路でつながっている、不思議なところなんです」

理由は、幕末に横浜が貿易の拠点として開港して以来、養蚕と製糸の盛んな群馬と横浜港を結ぶ輸送が発達したからだ。当初は人力や大八車、牛馬に頼っていた。その後、川や運河を使った舟運、そして近代化により鉄道輸送が始まった。

首都圏のＪＲ線には、生糸の輸送を目的に作られたものが多い。１８８４年に上野駅と前橋駅を結んだ高崎線、88年に開業し栃木県南西部から群馬県南東部を結ぶ両毛線、

1908年の開業で八王子駅と横浜市の東神奈川駅を結んだ横浜線、31年に開業し八王子駅と高崎市の倉賀野駅を結ぶ八高線がそうだ。

自動車による輸送も行われるようになり、群馬周辺の高速道路網も発達する。群馬は輸送の近代化を迫る震源地の一つだっただけに、今でも交通アクセスに恵まれている。このことが農畜産物を広域に出荷するうえで有利に働いている。

強い民間の農業

現在の農業に話を戻す。

「畜産や野菜は規模の拡大が進み、合併、買収といったM&Aも行われている。産出額が伸びていくので、財政にあまり依拠しなくても民間で経営すればよくなっている。経営者は補助金をもらうこともあるので行政との関係は保つにしても、農政にあまり頼らない、依存しないという構造が見える」

大泉さんはこう指摘する。

かつて「農業界の憲法」と呼ばれた農業基本法（1961～99年）があった。成立した当時、日本は高度経済成長のさなかで、農工間の所得格差が国家的な課題になっていた。

そのため同法は、農業の近代化を目指し、「自立経営の育成」を基本路線として掲げる。自立経営とは、他産業並みの農業所得を得られる、つまり農業だけで食っていける専業農家をいう。

ところが自立経営の育成は、肝心な稲作において失敗する。国は零細な農家がひしめくという農業の構造が、他産業が発展するにつれて離農が進み整理されることを期待していた。さらに、生産性を上げる目的で基盤整備により1枚の水田を広げたり、作業の機械化を推進したりした。これにより稲作を中心に労働時間が大幅に減る。しかしその結果、農家は期待されていた離農の代わりに、他産業で働く傍ら農作業をこなすという兼業農家になる選択をした。

会社員や公務員などの仕事を終えた夕方以降や休日に農作業をこなしたり、他産業で給料を稼ぐ世帯主に代わって「じいちゃん、ばあちゃん、かあちゃん」といった家族が農業を担う「三ちゃん農業」が定着した。農地の集約が進まず、稲作専業で生計を成り立たせることは困難になってしまう。この「兼業化」が自立経営の育成にブレーキをかける。

兼業農家は生計を立てるための所得を農業の外で得てくる。そのため、技術を高めて生産性を上げる意欲に乏しい。狭い面積しか耕作しないのに田植え機や収穫機を過剰投資して買っても、年間で稼働する時間はわずかなので生産性は十分には上がらなかった。生産性を上げるはずの施策が裏目に出て、生産性の悪い兼業農家を大量に生み出す皮肉な状態に陥ってしまったのだ。高度経済成長で地価が上がり、農地を資産として保有する意識が農家の間で高まったことも、離農や農地の集約を遅らせた。

対して畜産や野菜においては、一部ではあるがこの自立経営が成立している。兼業が成り立ちにくく、専業農家が限られた面積で高い収益を挙げる効率的な経営をすべく努力してきたからだ。

群馬で専業農家が増えた理由は、稲作を主体とする兼業農家が多かったことにある。首都圏に位置するだけに高度成長で工業化がいち早く進んだ。農家が兼業の機会に恵まれていたぶん、離農にストップがかかり、農業専業で食っていきたい農家が農地を集めることは難しくなる。

そこで専業農家は、限られた農地で高い収益を挙げられる野菜の露地栽培や施設栽培に経営を転換していった。屋外の畑で栽培するのが露地栽培、ビニールハウスといった施設を使うのが施設栽培である。同じ地域内でコメと裏作のムギを中心とした兼業農家と、野菜や果樹、花卉《かき》といった園芸の専業農家に分化していったのだ。

いまや群馬には、畜産や野菜で数百億円を売り上げるような農業法人も出てきている。経済産業省によると、中小企業1社当たりの売上高は1億8000万円（2021年度）であり、これらの農業法人は中小企業のなかでも極めて大きい部類となる。彼らは自立経営の究極的な形を体現しているように思える。

「1990年代後半にさまざまな外食チェーンが、首都圏近郊の農家から必要とする農産物を直接得ようとする流れがあった。その流れに乗った農家は今でも生産を伸ばしている。地域的に他産業との垣根が低く、農業が孤立していなかったと言える」（大泉さん）

代表的なのが、昭和村を拠点にレタスやトマト、キャベツなどを生産する株式会社野菜くらぶ。90年代にモスバーガーを展開する株式会社モスフードサービス（東京都）と契約栽培を始めた。販売先は外食チェーンのほかに生協、小売店など多岐にわたる。年間を通じて出荷するため、青森や静岡にもグループ農場を持つ。

農家が自立経営になるほど、行政の関与する余地は減っていく。野菜くらぶのレベルになると、「経営者であることを自任するような農家の経営は、県の農政が認識できるレベルを超えている」という大泉さんの言葉のとおりとなる。

数百億円を売り上げるような畜産会社となると、補助金に頼らずとも民間の金融機関から資金を調達して事業を拡大させることができる。財政出動を伴わなくても農業産出額が独りでに上がるわけだ。

一方、自立経営から最も遠いところにあるのが稲作。農業以外の仕事で得た収入や年金を頼りにする農家が採算を度外視した生産をしがちだ。要因は、1970年に国が始めた生産調整、いわゆる減反政策にある。コメの供給量を減らし米価をつり上げることで、経営体力がない零細な農家の離農を遅らせてきた。

群馬は、丘陵地が多いという地理上の制約もあって、水田が少ない。多額の財政支出を伴う割に産出額が少ないコメの割合が低く、期せずして財政効率が全国一高くなっているのだ。

3　誰も知らない北関東の高い財政効率

園芸と畜産に強み

「そこまで北関東の3県の財政効率が優れている感じは、受けていませんでした」

こう率直な感想を語るのは、東京大学大学院農学生命科学研究科教授の安藤光義《あんどうみつよし》さんだ。農業経済学を専門とし、農業の構造や政策に詳しい。

1円の予算で稼ぎ出す農業産出額は、1位の群馬が13円。わずかに及ばないものの、12・99円と肉薄するのは茨城県。11円で3位の栃木県と続く。過去5年をさかのぼっても、群馬、茨城の両県は必ず3位内に、栃木も3~5位の間に付けている。すなわち、農政の費用対効果で最強なのは、北関東である。

安藤さんは2006年まで茨城大学農学部で助教授を務め、著書に『北関東農業の構造』（筑波書房、2005年）がある。北関東のダークホースぶりは、そんな専門家をして「えっ、そうなのという感じ」と言わしめるほどだ。

1円の予算で稼ぐ農業産出額を最大化する条件は、農業産出額が高く、予算額が少ないこと。まずは一つ目の要因である農業産出額の多さから、北関東3県の農業を見ていきたい。

21年の農業産出額は茨城が4263億円で全国3位、栃木が2693億円で9位、群馬が2404億円で12位。過去5年を通じて3県ともおよそこの辺の順位を保ってきた。

キーワードは園芸と畜産だ。園芸作物とは野菜、花卉、果樹（果実）などをいう。農業産出額のうち園芸作物に畜産を足した割合は、茨城を除いて全国平均より高い。栃木79・8％、群馬90・7％。全国平均は76・9％だ。

茨城は73・2％で唯一平均を下回る。コメの比率が高いこともあるが、サツマイモの生産が盛んで比率が7・8％と高いことも影響している。サツマイモを園芸作物に入れるかどうかは行政でも判断が割れていて、仮に入れると、茨城の園芸作物の比率は81％になる。

なかでも畜産は、日本の農業産出額を伸ばす原動力になっている。21年の農業総産出額をみると、畜産は20年に比べて1676億円増やし、3兆4048億円と過去最高額に達した。

ところが、全体では前年比986億円減の8兆8384億円となった。畜産の伸びをまるまる減殺したのは、コメだ。前年比で16・6％減の2732億円の減で、1兆3699億円となった。

1990年と比べると、コメは3・2兆円から半分以下に減った。野菜は2・6兆円から2・1兆円、果実は1兆円から0・9兆円と減少幅はせいぜい数千億円程度。畜産は3・1兆円から3・4兆円に増やした。

つまるところ、コメの一人負け状態にある。それだけにコメの比重が高い県は、軒並み「園芸振興」を打ち出している。園芸と畜産が盛んな北関東の地位が高まるのは、当然と言える。

ところで北関東はなぜこの二つに強みを持つのだろう。

園芸と畜産が始まるのは都市近郊

「園芸や畜産は消費地に近い都市近郊で始まる。江戸時代でいうと、練馬大根や小松菜がそう。開港後には神奈川や東京で酪農が始まっている。都市化が進むにつれて産地は東京から離れていきました」

安藤さんはこう解説する。

練馬はかつて、人口100万人を超える江戸に向けた野菜の供給地だった。白首大根である練馬大根の栽培は元禄年間（1688～1704年）ごろに盛んになる。「大根の練馬か、練馬の大根か」と言われるほどだったという。

小松菜の名は、今の江戸川区を流れる小松川にちなむ。鷹狩で訪れた8代将軍徳川吉宗が食事に出てきた菜を気に入って命名したとされる。

のちに東京の市街が拡張するにつれ、園芸や畜産の産地は周縁部へと移っていった。園芸も畜産も作業を人手に頼る部分が大きく、労働集約的である。それだけに都市近郊であることが、労働力を確保しやすいという利点をもたらした。

「園芸や畜産の産地は、適度な都市近郊でないと残りません。開発圧力があまり強いと皆、不動産の賃貸農家になってしまうから。農業でそれなりに稼がないといけなくて、ある程度の人口がとどまっている場所にできた産地が続いていく」

南関東は市街化が進んでいるぶん、不動産業を主な収入源とする農家が多い。農地を転用して宅地や賃貸物件、駐車場などとして運用するのだ。

北関東でもそうした農家はいるが、南関東ほどではない。そういう意味で、北関東にある園芸や畜産の産地は絶妙なバランスのうえに成り立っていると言える。

東京大学名誉教授の生源寺眞一《しょうげんじしんいち》さんは、農業を次の二つに分類した。園芸や畜産といった労働集約的で収益性の高い付加価値型である「V型（Value added）」と、水田作に代表される土地利用型である「C型（Calorie）」だ。

戦後、食の消費はカロリーの重視から始まる。高度成長を経て日本人が豊かになるにつれて、食の洋風化が進んだ。1人当たりの年間消費量をみると、コメが大きく減る反面、肉や卵、生乳、乳製品といった畜産物や野菜、果実などが増えた。

そんな変化に対応したのがV型農業。東京の後背地である北関東は、アクセスの良さもあって、V型農業を発展させていった。

農地費の少なさ

ここからは、財政効率を良くするもう一つの要因である予算の少なさをみていきたい。

「都道府県の農業関連予算のうち、土地改良事業に関連する予算である農地費が平均で6割近くを占め、高い値になっています。その点、北関東3県の農地費は、全国平均よりも低くなっています」

安藤さんは、こう指摘する。

土地改良事業は、１９４９年に制定された土地改良法に基づき、農業生産に資する農業用の道路や用排水路の整備や維持管理、農地の大区画化、農地の造成などを行う。２０００年前後は１兆円超の予算を確保していた。

同事業を実施する法人として、各地に土地改良区が設けられている。土地改良区の全国規模の政治団体である「全国土地改良政治連盟（土政連）」は、自民党の支持母体の一つ。土地改良区が自民党の族議員を票で支え、族議員は選挙での応援に応える形で土地改良区に予算を配分する構造がある。それだけ予算額が大きく、事業の影響を受ける農家や土建業者の数も多いということだ。

それもあって、自民党から09年に政権を奪った旧民主党の鳩山政権は、10年度の土地改良事業費を前年度比で63％削った。当時、土地改良区の全国組織である「全国土地改良事業団体連合会（全土連）」の会長を務めていたのは野中広務《のなかひろむ》・元自民党幹事長。民主党の小沢一郎《おざわいちろう》幹事長は、野中氏の陳情申し込みを拒み、格下の副幹事長に対応させた。

その後、自民党の政権復帰を経て、土地改良の予算は徐々に増額される。16年の参院選で土政連は、9年ぶりに組織内候補として元農水省農村振興局中山間地域振興課長の進藤金日子《しんどうかねひこ》氏を比例区に立てた。進藤氏のいた農村振興局とは、土地改良事業を取り仕切る部署にほかならない。進藤氏は土地改良事業の予算獲得を各地で訴え当選し、22年に再選している。

なお、土地改良区を代表する大物の族議員に、全土連の会長を務める二階俊博《にかいとしひろ》衆院議員がいる。

水田は金食い虫

農地費には地籍調査や土地改良、土壌改良、水利施設管理といった農地関係の経費が含まれる。21年度の農業関連予算に占める農地費の割合は、全国の59・１％に対して茨城46・７％、栃木53・３％、群馬47・５％だった。

財務省によると、基盤整備を中心とした「農地整備事業」は、事業費の85％を水田の基盤整備に投じている。畑地に投じる事業費は15％に過ぎない。さらに、面積当たりの事業費は「畑作を主とする基盤整備が比較的低コストとなる傾向にある」（財務省「総括調査票（19）農業農村整備事業（汎用化の効果）」23年６月公表）。水田の基盤整備は面積当たりの費用が高くつき、事業費全体も膨れ上がるということだ。

その点、群馬は田の面積が全国で32位に過ぎない。耕地に占める田の割合は、21年に37％で、全国平均の54％より大幅に低い。金食い虫である田の面積が少なく、農地費が抑えられている。

加えて、野菜の大産地である昭和村や嬬恋村は、平成に入る前後に基盤整備により大規模な生産を可能にする基礎を作った。早めに予算を投じた農地が、効率の良い農業に欠かせない資産になっている。

「賢い支出」は狙っていない

それにしても、北関東が財政効率で優れているのは、果たして狙った結果なのか。

茨城県農業政策課に財政効率で同県が2位になることを伝えると、「財政効率を他県と比較するということはしていなかったので、参考に計算してみたい」とのこと。

群馬県農政課予算係に同県が財政効率で1位であることを把握していたか問い合わせたところ、返ってきた答えは次のようなものだった。

「農業産出額には必ずしも単年の予算の結果が反映されるわけではなく、農業の振興には市町村やJAなども関わってくるので、年ごとに歳出額と農業産出額を比較するという計算はしていませんでした」

安藤さんは言う。

「北関東が意図して効率的に使っているのではなく、結果として効率的に見えるという感じ。そんなにワイズスペンディング（wise spending）はしていないはず」

ワイズスペンディングはイギリスの経済学者・ケインズが使った言葉で、「賢い支出」や「賢明な投資」と訳される。将来的な利益を見据え、財政支出を選択的に行うことを意味する。

日本の国家予算は膨張を続け、財政赤字と国の借金である公債の残高は増え続けている。23年度は約36兆円の国債を発行し、公債残高が約１０６８兆円まで増える見込みだ。22年度の国内総生産（ＧＤＰ）は約５４９兆円なので、ＧＤＰの２年分に近い借金を負っていることになる。

かたや、国の税収は22年度に３年連続で過去最高を更新した。岸田政権はそれでも予算が足りないと24年度から段階的な増税を計画している。国民に負担を強いるからには、ワイズスペンディングに努めるのが行政にとってあるべき姿である。

ところが都道府県の農政において、このワイズスペンディングは機能しにくい。理由は農業予算の大半が国からの地方交付税で賄われているからだ。地方交付税は、国税として徴収したものを一定の基準に基づいて地方に配分する。

「都道府県の側からすれば、効率的に使ったからといって予算が増えるわけではない。売上が増えて農業者の所得が増えると、その分住民税が増えて財政の自由度が増して何か農業関係にお金が回ってくるという、そういう連鎖があるわけでもない。費用対効果に対するインセンティブがまったく働かない財政構造になっている」（安藤さん）

農水省の事務方のトップである事務次官を務めた渡辺好明《わたなべよしあき》さん（現在は新潟食料農業大学学長）もこう指摘する。

「県庁は農業予算をいかに減らさないようにするかが大事。かつて民主党政権下で土地改良というインフラの予算を大幅に削られて、自民党の二階俊博議員のもとで一生懸命予算を取り返して今に至っている」

都道府県にとって、最も支出の割合が高い農地費は増やしこそすれ削る理由はないということだ。

すなわち、北関東の費用対効果が高いのは各県の努力の結果というよりは、民間の農業が強く、園芸と畜産が盛んで、土地改良の予算が相対的に少ないという条件がそろった「たまたま」だった、ということである。

ここまで、財政のコストパフォーマンスに優れた県をみてきた。では逆に、下位はどんな県で、どういう特徴があるのか。続く第2章でみていきたい。

第2章　コメだけやっていても先がない

1　コシヒカリをバカにした静岡県知事

「飯だけ食って、それで農業だと思っている！」

重度の失言癖がある知事――。こう言えば、自県の知事だと思う人が多いかもしれない。そんな人がとくに多い県の一つが、静岡ではないか。川勝平太《かわかつへいた》知事は、軽率な発言や喧嘩腰の物言いがアダになり、幾度も舌禍を招いてきた。

代表的なものに、2019年の「ヤクザ・ゴロツキ発言」がある。県立図書館を含む文化複合施設の構想に反対していた自民党県議らを念頭に、「ヤクザ・ゴロツキもいる。反対する人がいたら、県議会議員の資格はない」と発言し、のちに謝罪と撤回をしている。

その舌禍がもっとも目立ったのが、農業においてだった。静岡県議会で自身に対する不信任案がギリギリ1票差で否決されるという政治生命の危機をもたらしたのが、「コシヒカリ発言」である。

「あちらはコシヒカリしかない！　だから飯だけ食って、それで農業だと思っている！」

21年10月23日――。参議院補欠選挙の投開票日の前日であるこの日、川勝知事は県西部の浜松市で群衆を前にこう叫んだ。

浜松市と言えば、県庁所在地で人口68万弱の静岡市を凌駕する78万の人口を擁する県内最大の都市。補欠選挙に元県議で元浜松市議の山崎真之輔《やまざきしんのすけ》氏が立候補しており、川勝知事はその応援に駆け付けていた。

山崎候補の対抗馬は、元御殿場市長の若林洋平《わかばやしようへい》候補。川勝知事が言う「あちら」とは、御殿場市にほかならない。

同市は、富士山の東麓に位置する。県東部にあって東京までおよそ100キロで、東京や横浜の通勤圏に入る。人口は8万3000人で、ブランド米と自称する「ごてんばこしひかり」の産地である。

御殿場市を管内とする「JAふじ伊豆」（沼津市）によると、「ごてんばこしひかり」は富士山の伏流水と、標高が高いことによる昼夜の寒暖差を生かして栽培される。甘みと粘りがあり、香り高いという特徴を持つ。静岡県の主催する「お米日本一コンテストinしずおか」では、同県内から出品されたなかでの最上位に贈られる「静岡県知事賞」の常連。とはいえ、全国的な知名度は乏しかった。

ところが、この失言が全国ニュースになり一気に知れ渡ることになった。世の中、何が幸いするか分かったものではない。

発言そのものはいいとこ突いていた?

ここで改めて、川勝知事のコシヒカリ発言に至った演説の内容を押さえたい。

「今回の補選は、静岡県の東の玄関口、人口は8万強しかないところ、その市長をやっていた人物（筆者注＝若林元御殿場市長を指す）か。この80万都市、遠州（同＝静岡県西部）の中心・浜松が生んだ、市議会議員をやり、県議会議員をやり、私の弟分……こういう青年、どちらを選びますか。こちらは食材の数も、439ある静岡県のうち3分の2以上がある。あちらはコシヒカリしかない。だから飯だけ食って、それで農業だと思っている。こちらにはウナギがある。カキも出てくるし、シラスも出てくる。そして『三ヶ日みかん』もある。肉もある。野菜もある。タマネギもある。もちろん餃子もある。何でもある。そういうところで育んできた青年を選ぶのか。はっきりしています」

選挙戦でよく見られる、応援の弁士が与えられた数分という短い時間で会場を沸かせようと必死に怒鳴っている演説である。すべての句点「。」を感嘆符「！」にする方が雰囲気を正確に伝えられるはずだ。

この後、浜松が静岡の経済を引っ張ってきたという話になるのだが、本書と関連する農業関連の発言は以上になる。

食と農の豊かさで浜松を褒めそやし、対する御殿場を腐している。群衆からは、拍手や「そうだ！」という掛け声も上がっていた。補選の投票先に我が弟分を選べという部分を除けば、内容自体はその通りなのである。浜松市は後ほど述べるように、褒められてしかるべき強力な農業地帯である。農業を取材してきた身としては、農業に関する発言は正しいと感じる。

川勝知事は、実はまともなことを言っていたのだ。早稲田大学政治経済学部の元教授で、経済学者であるだけに、農業を経済の視点から冷静に捉えていた、と言えるかもしれない。

のちに発言を撤回し、給与など440万円を返上すると表明したが、23年に返上して

図表2　静岡県の農業産出額（作目別）2021年

単位：億円

作目	茶	コメ	野菜	果実	花卉	畜産	ほか	合計
農業産出額	268	162	631	282	168	544	29	2,084

資料：農林水産省「生産農業所得統計」
出典：静岡県「静岡県の産業データブック―令和５年度版―」
注：茶は生葉＋荒茶の計、野菜はイモ類を含む

いなかったと判明し、同年7月に県議会で不信任案が1票差で否決されたのではあるが。

静岡に大事なのはコメよりミカン

浜松市は市町村としては国内トップクラス、なおかつ一部の都府県すら上回る農業産出額を誇る。農業産出額について、農水省は都道府県の額とは別に市町村の推計値も公表している。それによると、21年に浜松市は５０７億円で全国7位。都道府県で下から5位（43位）である石川県の４８０億円を上回る。

同市の農業産出額の内訳は金額の高い順に果実１６１億円、野菜１２７億円、花卉65億円となり、この三つで全体の70％を稼ぎ出す。

対する御殿場市は桁違いの23億円で、浜松市の約22分の1に過ぎない。金額の高い順にコメ８億円、鶏卵7億円、野菜3億円であり、コメが稼ぎ出す割合は実はおよそ3分の1に過ぎない。その割に耕地面積に占めるコメの割合は7割と高くなる。

静岡県全体はというと、同年の農業産出額は2084億円で、全国での順位は15位、内訳は図表2のようになる。162億円のコメは、230億円のミカンを大きく下回る。静岡県を代表するブランドミカンがまさに、浜松市三ヶ日地区周辺で栽培される「三ヶ日みかん」。川勝知事が「コシヒカリ」に対抗する浜松の農産物として「三ヶ日みかん」を筆頭に挙げたのは、ゆえなきことではない。

同県の農業産出額の推移を作目別にみると、大きく減額しているのは茶とコメ。1980年と2021年で比べると、茶は746億円から268億円と6割強も減らし、コメは318億円から162億円へ半減している。一方で果実は243億円から282億円と16%の増、花卉は125億円から168億円と34%増やした。

ミカンより産出額が少ないコメのふがいなさは、こうして数字を見ると、争いようのないことなのだ。コシヒカリ発言は知事の首を飛ばしかねない事態まで招いたものの、十分な所得の確保、つまり儲かる農業を標榜している静岡県のトップがコメを批判するのは、当然と言えば当然である。

目立つ米どころのコスパの悪さ

財政のコストパフォーマンスでいうと、米どころほど成績が悪い。第１章で紹介した、都道府県が１円の予算で何円の農業産出額を稼いでいるかというランキングにおいてである。

最下位から順に石川、福井、富山と北陸３県が独占している（図表３）。いずれもコメの占める割合が高く、石川は47・１％、福井は57・４％、富山は64・８％という感じだ。全国平均の15・５％を大きく上回る。

21年の農業産出額を農業関連予算で割った結果は、最下位の石川で１円の予算につき１・65円の農業産出額しかあげていない。

図表３　１円の農業予算が生む農業産出額 2021年（度）

単位：円

順位	都道府県	農業産出額÷農業予算
47	石川県	1.65
46	福井県	1.81
45	富山県	1.89
44	沖縄県	2.14
43	島根県	2.38
42	東京都	2.64
41	山口県	2.72
40	滋賀県	2.77
39	秋田県	2.92
38	福島県	2.96
37	大阪府	3.10
36	新潟県	3.30

図表１を基に作成

新潟は36位で富山、石川、福井の北陸３県に比べれば順位が上がるものの、全国平均の５・７円を大幅に下回る３・３円にとどまる。17年までさかのぼっても北陸３県は一貫して最下位集団に属し、新潟も30位台の後半以降をさまよっていた。

「加賀百万石」の呪縛から抜け出せない馳浩知事

最下位の石川といえば、プロレスラーの馳浩《はせひろし》氏が知事を務める。22年に就任して以来、秋になると石川県産米の需要を拡大すべく、自ら売り込みに立つ。

品種がさまざまあるなかで、一押しは、県がブランド米として9年がかりで開発した「ひゃくまん穀《ごく》」。その名の由来は「加賀百万石」にある。加賀藩は、江戸時代に藩としては最大級の100万石を超える石高を誇ったことから、加賀百万石は藩の呼称としても使われる。コメの新品種に冠したのは、そんな過去の栄光にあやかろうとした感が強い。

石高は、その土地における年間のコメの生産高を示す。石高が多いほど豊かになれたのは、過去の話だ。後ほど述べるように、コメでは最強の銘柄の一つ、「新潟県産コシヒカリ」を擁する新潟すら、農業産出額は右肩下がりを続ける。

第1章でみたとおり、コメを作れないことが弱みだった地域がいまや、より多くの付加価値を生む野菜や畜産などの大産地に変貌している。そういう意味で「ひゃくまん穀」は、名前も開発に至った発想も、旧時代の香りを放つ。

そもそも石川は、時代錯誤の発言を繰り返してきた森喜朗《もりよしろう》元首相の地元であり、強固な「保守王国」。「ひゃくまん穀」の開発を決めた谷本正憲《たにもとまさのり》前知事は、7期28年という驚異的な長期政権を敷いていた。命名に古くささが漂うのは致し方ない。

馳知事はというと、森元首相を政治の師と仰ぎ、谷本前知事の県政を継承するとしている。旧時代にどっぷり浸かっているようで、その合い言葉は「新時代」。

ブランド米を売ることで、県内農業を盛り上げようと躍起になる。そんなコメとの向き合い方は極めて保守的で、新しさは微塵もない。

田植え休みを取れるよう知事が要請する富山

田植え休み、あるいは、農繁休暇。

この言葉は、地方出身の高齢者にとって、懐かしく思い出されるものであるはずだ。かつて田植えは、一家総出で行われた。子どもが学校を休んで田植えを手伝う田植え休みは、1970年代ごろまで各地でみられた。

田植え休みを取れるよう、県知事自ら要請する県が現在もある。富山だ。

ただし、休むのは子どもではなく、農業以外の仕事を持つ兼業農家。

富山は、コメに極めて依存しており、農地に占める水田の割合は2022年に95%で全国一を誇る。さらに兼業農家の割合が15年時点で83・8%と高く、全国2位だった。そこで、兼業農家であっても適切な時期に田植えをできるよう、商工会議所や、中小企業や建設業の団体に通称「田植え要請」をしている。

兼業農家は、まとまった休みの取れるゴールデンウィークに田植えをしがちだ。ところが、この時期に田植えをすると、夏場の高温によって「コシヒカリ」の品質が落ちやすい。そこで、2000年代に富山県が音頭を取って、田植えを5月中旬に遅らせる運動を始めた。以来、商工団体に協力を要請し続けてきた。

新田《にった》八朗《はちろう》知事は23年4月、次のように要請している。

「本県農業は兼業農家が大半を占めていることから、本取組みの推進には企業経営者の皆様方に格段のご配慮をいただきたい」

コメに対する思い入れは、半端ではない。関係者が一体となって稲作を盛り上げるべく、自治体や農業の関連団体を構成員として、県が「富山県米作改良対策本部」なる組織まで立ち上げている。本部長は新田知事である。

コメを支えるその体制は盤石にみえる。肝心のコメが儲からないことを別にして……。

角栄と農家、自民党と社会主義の合体

米どころのコストパフォーマンスが悪い理由は、第１章で述べたように、土地改良の予算が大きい割に農業産出額が振るわないからである。土地改良以外にも、コメには多額の予算がつく。農政の中心に長年君臨し続けている作物こそが、コメだからだ。最強の米どころ・新潟出身の政治家と言えば、田中角栄《たなかかくえい》の名が真っ先に挙がる。その強力な支持基盤が農家だった。

10万人近い会員を擁するとされた角栄の後援会「越山会」。１９５３年に発足したこの巨大組織には、戦前に地位の向上を目指して地主と激しく対立した農民運動の出身者が多く加わっていた。彼らは戦後、農地改革によって闘争の目的が達成されたことで、目標を見失う。そこに現れたのが、地元への利益誘導に熱心で、47年に衆議院議員になった角栄だった。かつての左翼活動家たちは、農村を豊かにし、農家を食えるようにするという夢を、この極めて右翼的な政治家に託す。

その影響は、単に左翼が自民党に懐柔されただけにとどまらない。同党が社会主義的な平等志向を、とくに農政に取り込むことにもなった。公共事業を誘致して農村にカネを落とす。米価をつり上げて農家の所得を上げる。もはや自民党のお家芸であるバラマ

図表4　水田に関連する主な事業
（2023年度予算概算決定額）

単位：100万円

経営に関するもの	**579,458**
水田活用の直接支払交付金等	305,000
コメ新市場開拓等促進事業	11,000
米穀周年供給・需要拡大支援事業	5,033
畑作物の直接支払交付金（ゲタ対策）	198,433
米・畑作物の収入減少影響緩和交付金（ナラシ対策）	52,765
経営所得安定対策等推進事業等	7,217
米需要創造推進事業	10
地域に関するもの	**478,545**
地域計画策定推進緊急対策事業	799
地域の農業を担う者の事業展開の促進	1,811
農地中間管理機構を活用した農地の集約化の推進及び農業委員会による農地利用の最適化の推進	18,037
農業農村整備事業（公共）	332,303
農地耕作条件改善事業	20,043
農業水路等長寿命化・防災減災事業	28,150
多面的機能支払交付金	48,652
中山間地域等直接支払交付金	26,100
環境保全型農業直接支払交付金	2,650
合計	1,058,003
予算総額	2,268,300

キは、カネに物を言わせて都市と農村の格差を埋めようとする点で、極めて社会主義的である。

自民党は、米価を引き上げることで農家の支持を盤石なものとし、バラマキを伴う保護農政の道を突き進んでいく。赤字が拡大しようとも、農家票を固めることを優先する。そんな費用対効果を度外視した姿勢は、農水省の予算にも反映されている。

農水省は、2兆3000億円弱の予算のうち、6000億円近くを水田農業に関連する事業に使っている。その多くは、需要の減少に対応するという後ろ向きなものである。水田を中心とする農村に関する事業まで間口を広げると、1兆円超になる（図表4）。

食生活の多様化や人口減少の影響で、コメ余りは加速している。近年は、その需要量が年間10万トンを超えるペースで減ってきた。コメの総需要量を農水省は2023年産で680万トンと予想しているので、その1・5％に当たる。コメはかつて農業産出額の半分を占めていた。だが、いまや1・4兆円で全体の8・8兆円に占める割合は15・5％（21年）に過ぎない。そんなジリ貧状態のコメを支えるために予算を大盤振る舞いしている。

筆頭格は、ここ数年で3050億円を確保している「水田活用の直接支払交付金等」。コメの需要が減るなか、水田を活用した、需要を満たしていないムギやダイズや、飼料用、米粉用といった主食用以外のコメの生産などを助成する。

この予算額は増える傾向にある。コメの需要が減るにつれて、転作の面積が増え、助成金を増やさなければならなくなるからだ。財務省は、39年度には3904億円まで膨れ上がると推計している。

大規模経営ほど補助金に依存

コメに対する大盤振る舞いを、財務省は苦々しくみている。予算案の査定と作成を担う同省の主計官は、農水省関連の政策が矛盾していると繰り返し指摘してきた。

図表５　稲作経営は面積が増えるほど補助金依存が高まる

水田作経営（主業）における農業粗収益及び農業経営費（水田作作付延べ面積規模別）

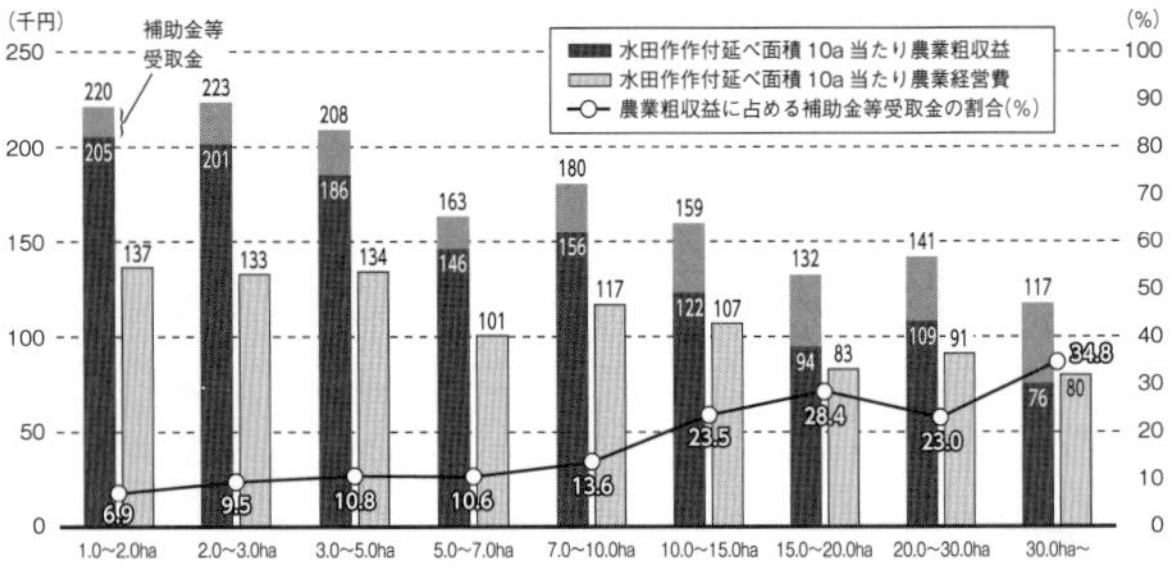

出所：農林水産省「農業経営統計調査　平成30年　営農類型別経営統計（個別経営）」
出典：財務省「令和４年度農林水産関係予算について」、広報誌『ファイナンス』2022年４月号

「低収益作物への転作ほど助成金単価が高く設定されている中、我が国の水田農業においては、経営規模が大きくなるほど助成金への依存度が高まり、また収益性が低下するという傾向が見られる。本来大規模経営体には、逆に水田農業全体の収益性の向上をリードしていくことが期待されるところである」（財務省「令和４年度農林水産関係予算について」、広報誌『ファイナンス』２０２２年４月号）

面積の大きい稲作経営ほど、収益に占める補助金などの割合が高まる（図表５）。大規模な経営体が増えるほど、農業の補助金依存が進む状況を財務省は「paradoxical（筆者注＝逆説的な、矛盾した）な状況」と指弾している。米どころほど財政のコストパフォーマンスが悪いのは当

然の結果なのだ。

21年4月に開かれた歳出の改革を議論する「歳出改革部会」で、財務省の主計官はこう苦言を呈した。

「現行スキームに頼った生産抑制を続けるのみということでは、財政面でも持続可能ではないと思われますが、米・農業自体の持続的な発展も望めないのではないかと考えます」

「平成の米騒動」が生んだ市場隔離のしくみ

コメの需要減を受けた予算はほかにもある。「政府備蓄米」の買い入れと管理費用がそうで、合わせると年間５００億円ほどになる。

１９９３年の凶作を覚えているだろうか。記録的な冷夏により、とくに東北や関東の太平洋側で不作となった。国産米が足りずに、タイや中国、アメリカなどからコメを緊急輸入した。輸入されたコメの多くは、粒が長くパサパサした食感で香りの強いインディカ米。ふだん日本人が食べていた粒が丸く粘りのあるジャポニカ米とはまったくの別物で、消費者の間では「タイ米はまずい」と敬遠された。

この「平成の米騒動」をきっかけに、95年に備蓄米制度が生まれた。適正備蓄水準として100万トン程度を備蓄するよう、毎年コメを買い付けて保管している。主食用米の生産量は、2022年産で670万トンなので、約15%を備蓄している計算になる。ある意味、15%のコメを市場から隔離することで、米価の下落を防いでいると言える。

20年、21年はコロナ禍でコメ余りが強まり、在庫が積み上がって米価が下がった。このとき、米どころから「政府備蓄米の運用改善」を求める声が上がった。要するに政府が備蓄米として買い上げる量を増やし、市場から隔離して米価を上げろということだ。

その一方で、同じ時期に農水省は備蓄米を「子ども食堂」や「フードバンク」に無償交付している。子ども食堂は、子どもや保護者、地域住民が無料または低額で利用できる食堂で、近年広がりを見せている。コロナ禍で三密のリスクがある食堂の運営が難しくなってからは、経済的に苦しいひとり親などの家庭に食品を無償で届ける「子ども宅食」が拡大した。そこで農水省は、21年には無償交付の対象を子ども宅食にまで広げた。

備蓄米制度は、一定量のコメを市場から隔離し、米価を高止まりさせる役目を果たしている。主食であるコメが高くなった結果、低所得層が食事に困ることに拍車をかけ、これではいけないと備蓄米を無償交付する。マッチポンプもいいところだ。

「意義がなかった事業面積が半分以上」と財務省

水田には、土地改良の予算が多額につく。その実効性についても、財務省は疑問を呈している。

水田の区画を整えたり広げたりする「基盤整備」で多いのが、排水の機能を高めることで水田と畑地の両方として使えるようにする「汎用化」だ。農水省は1970年に減反政策を始めて以来、汎用化を推進してきた。

その効果をめぐって、財務省は2023年6月に公表した資料で次のような衝撃的な指摘をしている。

「『水田の汎用化』を実施した意義がなかった事業面積が半分以上存在する可能性が高い」（財務省「総括調査票（19）農業農村整備事業（汎用化の効果）」）

国内の水田面積のうち、汎用化されているのは46％とおよそ半分に達する。その半分以上が畑作物の作付けに活用されていないというのだ。

基盤整備には、汎用化のほかに「畑地化」がある。畑地化はあぜを取り除いたり、排水機能を高めたりして水田を畑地に変える。汎用化より用排水の設備が小さいぶん、基盤整備が終わった後の維持管理費や改修費が安上がりで済む。さらに畑作物の生産性は高くなる。

そうではあるが、水田を畑地にしてしまっては、水田活用の直接支払交付金が受け取れない。農家や都道府県、市町村は畑作物の需要が高く、畑地化した方が生産性が高まるにもかかわらず、交付金が受け取れる汎用化を優先する。その結果、事業費の60%が汎用化に投じられ、畑地化はわずか0・2%にとどまる。

コストのかかる汎用化で水田をハイスペックにして、事業の目的であるはずの転作はしない。こんな予算の無駄遣いが全国でまかり通っている。

2010年代に巷では「ごはん抜きダイエット」が流行した。糖質を多く含むご飯やパンといった炭水化物の摂取を減らして減量を目指す。今でも糖質制限ダイエットとして根強い人気があるこのダイエット方法は、実践者が多い一方で健康に良くないという否定的な意見もある。

少なくとも糖質制限は、焼け太りしている農水省の予算をスリム化するうえで有効だ。主食であるコメを水田で作り続けることをまるで農家の所与の権利であるかのように聖域化する。そして多額の財政出動を強いる。こんなことは財務省に言われるまでもなく持続不能である。

　コメに頼る限りは、農業産出額が下がり続ける。この動かしがたい現実を前に、米どころは続々と園芸振興――つまり野菜、花卉、果樹といった園芸作物の増産――を打ち出している。

２　茨城の「たまげた」コメ減産計画

関東随一の米どころの決断

　コメ業界の関係者をして、「たまげた」と言わしめた長期目標がある。２０２３年５月に茨城県が出した「茨城農業の将来ビジョン～30年後を見据えたグランドデザイン～」。

　22年に７万５２００ヘクタールあったコメの作付面積を50年に６万６０００ヘクタールまで減らすとうたう。実に12・２％の減だ。減少する９２００ヘクタールは、山手線の内側の面積およそ１・５個分に相当する。

　23年６月に県庁農業政策課を訪れると、職員は将来ビジョンについて「国内需要の減少を踏まえ、高収益作物への転換を推進するなど、コメを減らすというところが大きな話」と説明した。

茨城は「首都圏の台所」という異名をとる食料供給基地である。そのコメの生産量は22年産で全国6位。1〜5位には新潟、北海道、秋田、山形、宮城と米どころが並ぶ。茨城は関東随一の米どころだ。

とくに8月に稲の刈り取りを始めるので、通常の新米よりも早くに出荷できる「早場米」の産地として知られている。と同時に、外食や中食用に使われるいわゆる「業務用米」の有力な供給地でもある。

将来ビジョンの1ページ目の右下には、大井川和彦知事が笑顔を浮かべた写真が挿入されている。県職員は、策定の背景をこう説明する。

「今後、人口減少社会とともに、本県の農業者も大幅に減少するなかにあって、農業を魅力ある産業として次世代に引き継いでいくためには、農業の収益性を高めていくことが一層重要になる。少しでも早く対応を進めるため、これまでの分析や議論の蓄積を踏まえつつ、有識者の意見を頂きながら、新たに『茨城農業の将来ビジョン』を策定した」

コメを減らすという方向性は大井川知事の肝いりだ。
「儲かる農業をやっていく以上、コメよりも所得の高い高収益作物に変えていこうということ」（県職員）

大井川知事は元経産官僚で、マイクロソフト、シスコシステムズ、ドワンゴという大手ＩＴ企業を経て17年に知事に就任した。公約として「強い農林水産業」を掲げ、具体策の筆頭に「農林水産業の成長産業化と未来の担い手づくり」を挙げる。

知事が基本姿勢の一つとするのが「戦略的な行財政運営」だ。「スクラップ・アンド・ビルドに不断に取り組むとともに、本県を大きく飛躍させるために必要な事業には重点的に予算を配分するなど、財源の有効活用や『選択と集中』を徹底します」としている。成果と利益を重んじる経済産業省の出身らしい姿勢だ。

大井川知事の農業政策は、第二次安倍政権のそれに極めてよく似ている。安倍政権も「農業の成長産業化」を前面に押し出していた。さらに農業産出額を13年の８・５兆円から12兆円に回復させ、農業所得を10年間で倍増させると掲げた。

一方の大井川知事は、21年に４２６３億円の県の農業産出額を50年に５０００億円という最盛期の水準に回復させると将来ビジョンに明記する。農業経営体の所得を１００

0万円に引き上げるという野心的な目標も打ち出す。

政策が似てくるのは、安倍政権当時の農政を主導した一翼が大井川知事の出身母体である経産省だからだ。当時の農政は「官邸主導」と言われ、首相官邸と経産省が政策の大枠を示してきた。最大の目標は、農業所得の向上だった。

当時から、「農業を儲けで語るとは何ごとか」という批判が農水省やJAグループから上がっていた。今はまさにそうした勢力による揺り戻しの段階にあり、所得向上は自給率の向上や食料安全保障の確立といった目標のなかに埋没している。

その点、大井川知事は当時の路線を継承する。

儲かる園芸に移行

茨城県庁での取材に話を戻そう。

対応してくれたのは農業政策課戦略推進グループ係長の杉本健太《すぎもとけんた》さん。「茨城農業の将来ビジョン」は、農業産出額を30年後に現状よりも17%引き上げるとしている。そのためにどんな農作物の構成にしたらいいのか考えたと、杉本さんは説明する。コメの減産を決めた理由はこうだ。

「根底にあるのは、日本の人口が減って胃袋がどんどん小さくなっていくなかで、主食であるコメは単価が安いという事実。農家の所得を上げないと、農業をやりたいという次の世代が現れてこない。いかに1経営体当たりの所得を伸ばしていくかというなかでは、コメから園芸にシフトしたり、同じコメにしても他と差別化できる特色ある米づくりや輸出などで新たな販売先を作ったりすることを目指していく」

日本の人口は08年に減少に転じた。それもあって、コメの需要量は近年、年間10万トン程度のペースで減っていると農水省は見積もる。

かたや米価は、人口減少に先駆けて下がってきた。1993年産が60キログラム当たり2万3607円に達して以降、下落基調にある。2022年産は、1万3849円だった。

それだけに、米どころである茨城県は危機感を強める。

園芸に移行するか、コメをより儲かる形にするかは、圃場《ほじょう》の条件次第だ。土地改良事業を推進する地域で、現状の水田を「水田エリア」として維持するところと、「畑地化エリア」として排水をよくするなどして畑地に転換するところに区分けしていく。

水田エリアとして想定するのは、「水はけが悪いといった条件の圃場で、コメしか作れないところ」だと県産地振興課の水野浩《みずのひろし》さんが説明する。

水田エリアのなかでも、低コストでの生産を目指すエリアでは50ヘクタール以上を目指す経営体に農地を集積する。ほかに付加価値の高い特色ある米づくりをする地域、輸出用米を作る地域、家畜の飼料となる飼料用米に転換する地域を想定する。

対する畑地化エリアは、「ポンプで水を汲み上げて水稲を栽培している陸田のような畑作に転換しやすいところ。サツマイモやレンコン、ムギ、ダイズなどの高収益作物の作付けを推進する」(水野さん)。高収益作物とは、コメに比べて面積当たりの収益性が高い作物を指す。畑地化エリアでは、露地栽培だけでなくハウスといった施設を使う施設園芸の団地を形成することも思い描く。

資料をめくっていくと、平場の水田のイメージ写真の右側に「新たな雇用と価値の創造」と書かれ、矢印が右へと伸びている。その先にはハウス群と野菜畑の航空写真があり、作付けする品目が「イチゴ」「トマト」「ホウレンソウ」と書き込まれている。

茨城県の狙いはこうだ。水田を畑として使えるようにし、収益性の高い作物への転換を推進する。それとともに、交通が便利で、基盤整備により効率のいい農業ができるようになった地域には、施設園芸の団地を形成し、農業法人などの参入を推進する。

施設園芸とは、ハウスや温室といった施設で環境を制御しながら作物を栽培することをいう。面積当たりの稼ぎが高い野菜に切り替えることで、農業所得を高めて雇用を増やす意図が見て取れる。

質より量のイメージ払拭なるか

茨城の農業の強みといえば、「生産量があることと、さまざまな農産物が作れること。需要に臨機応変に対応でき、大消費地に近いこと」（杉本さん）。ただし、大産地という強みは、「廉価販売」に陥りやすいという欠点にもなる。

とくに昔の茨城は、質より量の産地という印象が強かった。過去の話だが、水戸市公設地方卸売市場では段ボール箱の一番上に見てくれのいい農産物を並べ、要求されている品質に達さないできの悪い農産物をその箱の一番奥にこっそり入れる農家がいた。そのため市場関係者が、わざわざ段ボールの一番開けにくい側から確認するほどだったという。

現状を水野さんに聞くと、「今は品質的に他県に遜色ないと思っています」とのこと。「ですが」と言葉を続けた。

「PR下手というか……。ブランドイメージを持ってもらえるような農産物として消費者に訴えることに、力を入れていなかった面もあります」

たとえば生産量と販売額でともに全国1位のメロン。「夕張メロン」や、「マスクメロン」の最高級ブランドとして知られる静岡県産「クラウンメロン」に比べ、「あまり知られていない」（水野さん）。

露地の園芸作において同県は、「廉価販売から脱却し、付加価値の高い差別化商品へシフト」すると掲げる。

「もちろんサツマイモも引き続き支援していくし、白菜やキャベツなどを大規模に栽培する農家もいるので、そういった作物の産地づくりを推進していく。サツマイモは輸出がかなり伸びているので、輸出用の産地も育てたい。白菜やキャベツの一部は栄養価が高い、甘みが強いといった差別化できる商品も交えながら、ブランド化も図っていこうと取り組みを進めているところです」（水野さん）

園芸振興の成否は民間頼み

稲作から園芸に移行する際、課題になるのが、誰が担い手になるかということだ。稲作は、ほとんどの作業を田植え機やコンバインといった機械でこなせる「機械化一貫体系」が確立されている。対する園芸は、人手に頼る部分が多い労働集約型である。

10アール当たりの労働時間でみると、差は歴然としている。コメの全国平均は、法人や組織ではない個別経営において21年産で22・29時間。茨城県によると、同県で生産が多い夏から秋に収穫する夏秋トマトの施設栽培は464時間、ふつうは夏から秋に収穫するピーマンをハウスで加温栽培する冬春ピーマンは1506時間かかる。

補助金に頼りがちな稲作に比べ、園芸は補助金への依存度が低いぶん稲作以上に経営の能力が求められる。肥料や農薬、マルチシート、段ボール、ビニールハウス、暖房に使う重油など資材費がよりかかってくる。近年の資材価格高騰の影響も受けやすい。「園芸はお金との戦いだ」と断言する農家もいる。

もう一つの課題は、県に園芸への転換を指導できる体制があるのかということ。園芸はコメに比べて行政の関与がもともと少ないからだ。

茨城県が思い描くのは、まず基盤整備によって複数の田んぼをまとめ、1枚が1ヘクタールを超えるような「農地の大区画化」をする。そして、野菜や果樹といった園芸作物を手掛ける既存の農業法人や新規参入する企業を誘致することである。

念頭にあるのは、県南西部の常総市がゼネコンの戸田建設（東京都中央区）と連携して17年から整備している「アグリサイエンスバレー常総」だ。生産、加工、流通販売が一体となった「農業の6次産業化」によって地域の農業を活性化することを目指す。

常総インターチェンジのすぐそばにある農地を大区画化し、道の駅や企業、商業施設などの用地とともに、約14ヘクタールの農地を整備した。ソフトバンクグループの農業法人がミニトマトを生産している。

「アグリサイエンスバレー常総では企業が入居し、ミニトマトが大規模に作られ、イチゴの観光農園もある。そういう企業の農業参入についても、積極的に支援していく」（水野さん）

国の事業も活用しながら県で基盤整備はするので、農業生産は民間で頑張ってほしいということだ。いささか他力本願な態度は、都道府県としてできる園芸振興の限界を示している。

園芸はそもそも民間でやるものであり、行政からの指導で成功に導けるものではない。その理由から将来ビジョンの成否は、県の肩にかかっているというよりは、民間がどれだけ頑張るかにかかっているのである。

日本一多い農家は将来がた減り

茨城県は、「販売農家」の数が4万4000で全国一多い（20年）。販売農家とは、経営耕地面積が30アール以上、または農産物の販売金額が50万円以上の農家をいう。数が多いからいいかというと、そうではない。その大部分を零細な農家が占めていて、その零細さのゆえに彼らは後継者を確保することが難しくなっている。

販売農家が今の趨勢のまま減り続ければ、50年に現状の3割に相当する1万2500になると茨城県は見込む。かたや育成に力を入れている法人経営体は、現状の2倍以上に増える可能性があるとみている。15〜49歳の若い世代と法人経営体が50年には農業の牽引役になると期待している。

「本業として農業に取り組み、農業を主たる収入源としている人たちをしっかり支援していく。本県農業の牽引役として期待される法人経営体や意欲ある農家への支援を厚くしていくことになる」（杉本さん）

農業分野における外国人技能実習生の受け入れ数が最も多いのが、茨城県に外ならない。とくに園芸で受け入れが多く、人手の確保に苦労していることが表れている。

「どんなに機械化や生産の向上に努めても、人手が必要な場面は必ず残る。農業で高い所得を得られないと、外国人からも見向きもされなくなってしまうという危機感もあります。対策は、農業をいかに魅力的な儲かる産業にしていくかに尽きるのかな」（杉本さん）

3 「コメの一本足打法」から脱却したい王者・新潟

目指すは園芸との「二刀流」？

儲かる農業――。

このままでは、この言葉から最も遠ざかってしまうと焦りを見せるのが新潟県だ。いわゆるブランド米の代表格「新潟県産コシヒカリ」を擁するためその農業は強いかと思いきや、実はそうではない。ピークだった1994年に4169億円だった農業産出額は、2021年に2269億円と半分近くまで減り、1974年以降で過去最低となった。

理由は、産出額の約6割を占めるほどコメに依存しており、米価の低迷や需要の減退でその産出額が減っていることにある。農業産出額の順位は85年に5位だったのが2021年に過去最低の14位まで下がった。同じ東日本だと青森、山形、長野といった園芸の盛んな県が産出額を伸ばし順位を上げているのと好対照をなす。新潟県の産出額に占める園芸作物の割合は20・6％にとどまり、全国平均の38・4％を大きく下回る。

新潟県の産出額の上がり下がりと、コメに限定した産出額のそれは一致する。21年の農業産出額のうちコメは55・2％に当たる1252億円だった。

コメへの依存度が高い新潟農業は、「コメの一本足打法」と呼ばれてきた。新潟のコメの産出額は全国1位。全農産物の作付面積のうちイネは80・3％で、県土のほぼ1割に達する。

「米づくりだけの一本足打法では駄目」

18年の就任当初からこう言い続けているのが花角英世《はなずみひでよ》知事だ。就任から3カ月後の定例記者会見では、「コメの一本足打法から、もう少し園芸とかも含めて、足腰を強くしていきましょうよ」と強調した。

今では、メジャーリーガーである大谷翔平選手の投打にわたる二刀流の活躍にあやかって、コメと園芸の二刀流をうたう。たとえば、新潟県の緒方和之《おがたかずゆき》農地部長（当時）は、

「強みである米と、拡大を目指す園芸との二刀流を目指していきたい」と19年3月、農水省の出先機関である北陸農政局の広報誌「信調だより」に寄稿していた。

同県が園芸振興に力を入れる理由について、「はっきりいって、コメを売り切る自信がないということです」と歯に衣着せぬ発言をするのは、新潟大学農学部農学科助教の伊藤亮司《いとうりょうじ》さんだ。農業経済学が専門で、新潟県の農業を20年以上研究してきた。おいしいコメの代名詞として貴ばれた「コシヒカリ一強時代」が終焉を迎えつつあると指摘する。

「他県がブランド米の開発を頑張ったこともあり、コメと言ったら新潟県産コシヒカリでなければいけないという時代は基本的に終わっています。ほかにいくらでも選択肢があって、新潟県産コシヒカリにこだわるような消費者は高齢者が中心で、食べる量はどんどん減っていく。若い人にとっては新潟ってコメがおいしいんだって、へえーみたいな、そんな時代になってきているんじゃないか」

〝お殿様知事〟の「1億円」団地づくり

花角知事が一本足打法からの脱却を目指したのは、やはり米どころである秋田県の動きが影響している。秋田といえば「あきたこまち」を擁し、農業産出額の5割をコメが稼ぎ出す。

同県は目下、殿様が知事を務める唯一の県である。殿様知事と言えば、熊本藩主・細川家の第18代当主で熊本県知事を務めた細川護熙《ほそかわもりひろ》元首相が有名だ。

かたや佐竹敬久《さたけのりひさ》知事は秋田藩（久保田藩）主・佐竹家の分家筋に当たる。秋田きっての観光地である角館を支配した佐竹北家の第21代当主で、地元でしばしば「お殿様」と呼ばれる。

そんな出自ゆえか、佐竹知事は「殿、ご乱心」と言いたくなるような、根拠の乏しいキワモノ的な発言を繰り返してきた。23年10月には愛媛のじゃこ天といった四国の食事を「貧乏くさい」と酷評し、のちに謝罪した。なかでも県民を巻き込んで議論百出したのが14年以降に行ったコメを糾弾する一連の発言だ。

「もっとも土地生産性の少ないコメを中心にしてきたことが人口減少の一つの大きな要因」

「秋田の農業を維持していくとすると、コメはもう極限まで減らすという決断すら必要になる」

「一番雇用力がない米づくりを中心にずっとやってきた。コメがいまの半分で、残りが野菜だったら、こんなに人口は減らなかった」（いずれも記者会見での発言）

秋田県の人口減少率は22年10月まで10年連続で全国1位。このこととコメ依存に因果関係はない。無理に結び付けられたコメからすれば、とんだとばっちりだ。

当時私は通信社に勤めており、秋田県庁の記者クラブに籍を置いていた。「人口減少はコメのせい」という佐竹知事の主張は、記者の間で「また始まった」くらいに受け止められていた。

ところが実際には、14年に始めたばかりのある事業を盛り上げるという明確な政治的意図に基づいていた。米価が下がるなか農業産出額を伸ばす特効薬として始めた「園芸メガ団地事業」である。同事業は1億円の販売額を築く「園芸メガ団地」を県内各地に設けるというもの。機械や施設の整備にかかる費用のうち県が半分、地元の市町村が4分の1を補助していた。

振り返ってみると当時の私は、知事が園芸振興への布石としてあえて煽った発言をしているとも気付かず、ただ右から流れてきた言葉をそのまま記事にして左に流していた。自分も含む記者たちの方がよほど殿様商売をしていたわけだ。

羨ましくて秋田をまね

「秋田でメガ団地構想をぶち上げたのが新潟県庁は羨ましかったんですよね。秋田のまねをして、新潟も1億円産地を作ると言って鉛筆をなめなめ振興計画を作ったところがある」

伊藤さんはこう話す。

秋田県の動きを受けて新潟県は「1億円産地づくり」を打ち出す。19年に発表した「園芸振興基本戦略」で、24年までに販売額が1億円以上の園芸産地を50増やして現状の倍とし、園芸の面積を約25％増の5000ヘクタールにすると掲げた。伊藤さんは疑問を呈す。

「園芸の産地を作るということは悪いことではないですけど、寄せ集めて1億円にしたって何か意味があるのか」

そもそも秋田で目標額を1億円に設定した理由はインパクトが大きい数字だから。

「産出額が大きくたって、儲かっていなければ何にもならんでしょうね。園芸の拡大は大切であるにしても、売り先となるマーケットがなければ産地どうしで競合してしまうので、むやみに増やせば何とかなるというものではない」

伊藤さんがこう指摘するように、重要なのは産出額よりも所得の多寡のはず。だが行政自体に経営感覚が乏しく、どうしても販売額が多いという分かりやすい目標に飛びついてしまいやすい。

水田からの転作というと、いきおい手間のかからないダイズや枝豆を作りがちだ。需要が供給を圧倒的に上回るダイズはともかく、枝豆は供給過剰に陥る可能性もある。

「多くの県は、園芸振興を何十年も前から頑張ってきた。秋田と新潟は、一番どんくさいグループ。周回遅れで、今さら園芸にしゃしゃり出て、うまくいくかという疑問がつきまとう。コメは儲からないから、やらざるを得ないという苦しい立場なんじゃないか」（伊藤さん）

稲作を園芸に置き換えようとすると問題になるのが、園芸が必要とする労働時間の長さだ。茨城県の項で紹介したとおりで、少人数で広い面積をこなせる稲作と、多くの人手をかけて狭い面積で収益を上げる園芸は雲泥の差がある。

「園芸だけで県全体の農業を支えることはできないので、中心はあくまでコメでプラスアルファが園芸。園芸振興は悪いことではないですけど、現状は県庁として頑張っている感を出すためのアリバイ工作としてやっている。秋田にしても新潟にしても、そういう掛け声倒れに終わっている感は否めない」

秋田の園芸メガ団地をまねたのは、ひとり新潟だけではない。

福島では県内のＪＡグループが主導し、やはり1億円以上を売り上げる園芸団地を作ろうとしている。その名も「園芸ギガ団地」。「秋田がメガならおらほ（我が地域）はギガだ」ということか。園芸振興は、内実はともかく掛け声が勇ましくなりがちである。

「日本一うまいコメ」への執着

そもそも新潟は、なぜこれほどコメに依存しているのか。今でこそコメといえば新潟のイメージが強いが、かつては違っていた。昭和の初めまで新潟のコメはまずいとして、鳥すら見向きもしない「鳥またぎ米」と呼ばれた。

新潟農事試験場（現・新潟県農業総合研究所）は1931年に「農林1号」というおいしく収量の高いコメを開発。県内に普及させたことで、新潟県産米の評価は徐々に高まった。ただ、戦中、戦後にはおいしさより食糧の増産が最優先され、昭和30年代の同県産米の評価は、再び極めて悪くなってしまう。

状況を一変させたのが「コシヒカリ」だった。同県農事試験場が１９４４年に「コシヒカリ」の親となる「農林22号」と「農林1号」をかけ合わせ、のちに育成を福井県が引き継ぐ。そして56年に新潟県と千葉県が全県での作付けを奨励する「奨励品種」に全国に先駆けて登録した。

「コシヒカリ」の名は、「越の国に光り輝く」という意味をこめて付けられた。新潟（越後）と福井（越前）で共同開発したことからこの名前になったが、福井での生産は低調だった。

「コシヒカリ」は、おいしい一方で茎が長くて倒れやすく、イネの病気のなかでも最も被害が大きくなる「いもち病」にかかりやすいという弱点もあった。いもち病にかかると収量が下がり、ひどいと稲株が枯死する。福井県が普及に二の足を踏んだのもまさにこの弱点が影響した。かたや新潟県は、栽培技術を高めることで弱点を埋め合わせられると判断した。

62年には鳥またぎ米の汚名を返上すべく、新潟県が主導して「日本一うまい米づくり運動」を開始。味のいい「コシヒカリ」を県内に広めていった。

いまや「コシヒカリ」は全国で最も多く作付けされる品種で、２０２１年産でコメ作付面積の実に33・4％を占める。2位の「ひとめぼれ」（8・7％）を大きく引き離し独走状態だ。新潟県内でその比率は69・5％に達する。

「コシヒカリ」が招いた高コスト体質

「コシヒカリ」は、新潟農業の成長を牽引した一方、停滞も招いた。園芸をしようにも水田の土地改良が済んでおらず、水はけをよくして畑として使うのが難しいところがある。農水省の元事務次官で新潟食料農業大学学長の渡辺好明さんは言う。

「土地改良、なかでも基盤整備が他県に比べて遅れている理由ははっきりしている。それは、いいコメ、高い価格のコメができて、コメから他の作物への転換が進まないから。水位を調節できるような汎用性の高い水田にするという意欲が沈滞してしまった」

「コシヒカリ」に安住して他県に後れをとってしまったというのだ。「今はまた、土地改良をもっとやってくれという話になりつつある」と渡辺さん。

そもそも県土が広く、土地改良をいきわたらせるには他県より時間がかかるという事情もある。

「新潟県は全国で唯一、農地部という土地改良の部を持っているくらいで、土地改良をまだまだ頑張らなきゃダメだと思っているはずですよ。だから、公共事業系統の予算も大きなシェアを占めていると思う。県庁で部を一つ持つっていうことは、そういうことですからね」

「園芸との二刀流」を宣言していた緒方農地部長は、農水省から出向していた。すでに同省に戻り、23年7月に土地改良を担う農村振興局の整備部長に就いた。新潟と同部は太いパイプでつながっているわけだ。

土地改良の遅れは、地代を高くし農家の経営の足を引っ張ってもいる。伊藤さんは言う。

「新潟県内の地代は下がってきてはいるけれど、高い。下げられない理由の一つが土地改良後に地主から徴収する賦課金です」

賦課金は土地改良事業の受益地に割り当てる。土地改良事業を担うために組織されている土地改良区が地主から徴収し、工事費のうち地元で負担する分の支払いや事務経費、農地や用排水路の維持管理費などに充てる。

新潟市内には亀田郷土地改良区と西蒲原《かんばら》土地改良区という二大土地改良区がある。地主が払う23年度の賦課金は亀田郷が水田10アール当たり1万1500円以上で、伊藤さんによると西蒲原も同じような水準という。賦課金の全国平均は農水省土地改良企画課による と4216円（21年度）で、新潟は高い部類になる。

「地主にすれば農地を貸して耕作者からもらう地代の下限が賦課金になるんです。だから米価が下がったからといって地代を安くできるかというと、そうもいかない。農家は高い地代を払わないと農地が集まらないので、手元に残る利益が少なくなってしまいます」（伊藤さん）

土地改良後しばらくは賦課金に地元負担分の償還金が入っているため、高くなりがちだ。新潟は土地改良の進捗が遅く、賦課金が高い状態を脱せていない土地改良区が少なくない。

「県によってだいぶ事情が違いますね。新潟のように土地改良で作った借金を皆で返していく段階にあり賦課金がまだ積み上がったままの県もあります。そうかと思えば、土地改良を早めに終えてしまって、賦課金が下がってきている富山のような県もあります」

土地改良を行った農地の割合を示す圃場整備率は、富山県は8割を超す。新潟の水田の圃場整備率は22年3月時点で65・2％にとどまる。

新潟の賦課金が高くなる要因は地理条件にもある。同県中部から北部に広がる越後平野はもともと低湿地で水が溜まりやすく、強制的に排水する排水機場といった設備を建設しなければならなかった。そうかと思えば標高が高く水が足りずに用水路を引いたりポンプで水を汲み上げる揚水機場を設置したりする地域もある。

「その点、関東平野の土地改良費は新潟の3分の1ほどに過ぎません」(伊藤さん)

新潟の米づくりが高コストになるもう一つの理由が、県外への販売が多いことに伴うコストのかかり増しだ。

「コメの販売価格が高いとはいえ、全国に幅広く売らねばならないため運賃をはじめ販売経費がかかり、土地改良費や地代も高いため、それらを除いた実収益は必ずしも高くありません」

「コシヒカリ」に起因するもう一つの課題が業務用の需要に応えきれていないこと。コメは家庭で炊飯する割合が減り、中食・外食向けの業務用の割合が伸びる傾向にある。米どころでも宮城、秋田、福島、茨城などがその需要に応えているのに対し、新潟は「業務用米で出遅れていた」(伊藤さん)。

業務用が伸びるという大きな流れのなか、番狂わせだったのがコロナ禍に伴う外食需要の減退だ。

「コロナで家庭内食の割合が高まった過去2年は、他県に比べると新潟県産米は売れ行きが好調で、家庭内食に強いという長所を発揮したんですね。外食需要が減った影響は、他県に比べれば軽微だった可能性があります。ただ、業務用の需要が回復するなかで22年産米は（23年6月の取材時において）かなり売れ残っています」

業務用米の産地のなかには、出荷する単位によって品質に差が出ないよう、品質を平準化するために乾燥調製施設に追加の設備投資をするところもある。業務用への対応が待ったなしの状況にある。

「県内の産地は新潟県産米はおいしいから、ちょっと安く売れば業者は喜んで買いに来るだろうくらいの感覚でいるところがある。単に安くしただけでは実需者の求めるものにはならない。他県並みに業務用の需要に向き合って努力をしていけば伸びしろがあるかもしれませんが、今のままやっていてもなかなか他県には追いつけない」

「コシヒカリ」一辺倒の危うさが、23年秋に改めて明らかになった。気温が40度に迫る記録的な猛暑や渇水の影響で、「新潟県産コシヒカリ」は、等級の最も高い一等米がほとんどない危機的な状況にある。

「コシヒカリ」は暑さに弱く、高温で粒が白く濁ったり割れたりしやすい。例年、その一等米の比率は8割程度だが、過去にも猛暑で2割まで落ち込んだことがあった。

新潟県は「コシヒカリ」に並ぶ暑さに強いブランド米を生み出そうと、「新之助」を8年がかりで開発した。「新之助」は17年から本格的に販売されてきたものの、同県内の作付面積に占める割合は、20年産でわずか2・6%にとどまる。

当初の目論見は外れた。「コシヒカリ」に頼り切ったまま、温暖化が進めばどうなるか。23年産米の悲劇は、予見できたものなのだ。「新潟県産コシヒカリ」というブランドにあぐらをかいた結果、新潟の農業には課題が山積している。

コメに依存するほど減る農業所得

コメに依存するほど、農家当たりの農業所得が減る。

22年にこう喝破したのは、ほかでもない、農水省である。毎年、農業の動向や施策をまとめて国会に提出する「食料・農業・農村白書」の21年度版の特集で、次の見出しを立てた。

「米以外の産出額が大きい県の方が1経営体当たりの生産農業所得も大きい」

図表６　１経営体当たり生産農業所得

単位：万円

順位（2020年）	都道府県	2020年	1990年（販売農家）	順位（1990年）	順位（2020年）	都道府県	2020年	1990年（販売農家）	順位（1990年）
1	北海道	1,428	497	1	24	神奈川	232	212	5
2	宮崎	527	228	4	26	徳島	229	139	26
3	群馬	489	178	16	27	秋田	218	175	17
4	鹿児島	476	180	14	28	新潟	217	142	25
5	熊本	440	229	3	29	愛媛	215	151	22
6	佐賀	438	186	12	30	石川	207	102	35
7	青森	417	190	11	31	三重	201	76	42
8	愛知	413	193	10	32	岐阜	200	85	40
9	千葉	365	277	2	33	鳥取	190	115	32
10	茨城	358	202	7	34	東京	188	143	24
11	栃木	342	167	18	35	富山	185	88	39
12	長崎	331	149	23	36	福島	180	138	27
13	山形	330	198	8	37	広島	179	57	47
14	福岡	325	132	29	38	香川	176	112	33
15	沖縄	281	179	15	39	福井	174	92	37
16	高知	280	207	6	40	滋賀	169	62	46
17	大分	276	110	34	41	島根	163	77	41
18	岩手	275	166	19	41	岡山	163	73	44
19	静岡	264	183	13	43	京都	157	92	37
20	和歌山	250	196	9	44	山口	154	72	45
21	長野	248	127	30	45	大阪	145	117	31
22	山梨	245	163	20	46	兵庫	138	74	43
23	宮城	240	162	21	47	奈良	128	100	36
24	埼玉	232	135	28		全国	311	160	

資料：農林水産省「農林業センサス」、「生産農業所得統計」
注：1990 年の販売農家には、農家以外の農業事業体、農業サービス事業体を含む。
農林水産省「令和３年度 食料・農業・農村白書」より作成

生産農業所得は、農業産出額から物的経費を引いて補助金などを加えたもの。つまり、人件費を引く前の農業所得である。

白書が紹介した都道府県別の1経営体当たりの生産農業所得は図表6のとおり。この金額からさらに人件費を引くわけだから、下位の府県で平均的な農業をしていては、割に合わない。

1990年から2020年の30年間で、各県の金額や順位は大きく変わっている。20年に上位に入った県はいずれも、畜産や園芸作物の生産が盛んで、所得を伸ばした。対して、地域全体で陥没しているのが、近畿。20年は近畿6府県のうち、和歌山を除く5府県が40位台で不振が際立つ。1990年と比べると、滋賀を除いていずれの県も順位を落としている。「みかん県」と言っていい果樹の盛んな和歌山を例外として、いずれの県も農業産出額に占めるコメの割合が全国平均より高い。

京都が43位という結果を、意外に思う読者もいるかもしれない。ブランド野菜として全国に知られる「京野菜」で儲かっているのではないかと。実際には、京都の農業で大宗を占めるのは、コメを主体とする零細な農家だ。1経営体当たりの耕地面積は、2020年の時点で都府県平均の6割の1・3ヘクタールにとどまる。零細で効率の悪いコメ中心の農業が営まれた結果が、この順位となる。

コメへの依存率が高い北陸3県と新潟もやはり、低空飛行をしている。白書はこう結論付ける。

「我が国農業の持続的な発展のためには、需要の変化に応じた生産の取組が今後とも重要と考えられます」

オブラートの包みをはがして直截に言えば、こうなる。

コメ以外の作物を伸ばさないと、農家はいつまで経っても儲からない。

保護農政を批判していた植田日銀総裁

かつて東京大学で「コメ」と題した公開講座が開かれた。1994年のことで、六つの学部から10人の研究者が講師を務めた。このとき「貿易摩擦とコメ問題」と題し、農業に対する政府の過保護ぶりを批判したのが、経済学部の植田《うえだ》和男《かずお》教授。2023年に日本銀行のトップに就いた植田総裁その人である。

植田総裁は、国全体の経済を巨視的（マクロ）に研究する「マクロ経済学」で日本を代表する研究者だ。公開講座では、日本の経済全体を俯瞰した立場から、農業への行き過ぎた保護はメリットよりもデメリットが大きいと説いていた。

「八兆円のものをつくり出すために日本経済は農業部門に九兆円の補助金を与えていることになる」との試算を紹介したうえで、当時の消費税による税収が6兆〜7兆円であることを引き合いに、こう指摘していた。

「単純な計算ではあるが、農業保護を全体的にやめれば消費税をやめてしまってもいい。それでもおつりがくるというくらいの金額である」（『東京大学公開講座61　コメ』東京大学出版会、1995年）

現在は生産性の高い農家が生産調整といった保護農政の犠牲になっている。植田総裁はこう語ったうえで、農業が自由化した場合の将来予想を次のように冷静に行っていた。

「かなりの農家は農業をやめざるを得なくなる。それが自由化というものである。しかしプラスがあるとすれば、残った農家はいまより強くなるということである」

第3章　サトウキビで太り過ぎの沖縄農業

1　サトウキビは沖縄のコメ

深刻な炭水化物への依存

カロリーを摂り過ぎると、あまりいいことがない。肥満や高血圧、糖尿病、動脈硬化などのさまざまな悪影響を生じ得る。それは、農業にとっても同じだ。

日本人が1日に摂るカロリーは、経済が発展し、食が豊かになるにつれて減ってきた。いまや終戦直後の水準まで落ち込んでいる。とくに減っているのが、炭水化物に由来するカロリーだ。それだけに、炭水化物の代表格であるコメが需要を減らしてきた。本章で取り上げる沖縄の場合は、同じイネ科のサトウキビがやはり供給の過剰という問題に直面している。第2章では多額の予算を投じられるコメが、いかに稼げなくなっているかを見てきたが、沖縄のサトウキビにも同じ構造がある。

沖縄の本島でも離島でもよくみかけるサトウキビは、背丈が3メートルほどの高さに育つ。暴風雨に強いだけあって、風の吹く方向に倒されながらも体勢を立て直し、L字型に曲がって耐え忍んでいるものも珍しくない。道路にせり出すように葉を伸ばし、ときに車の進路さえ妨害する。生命力の塊という印象を受ける。

歌手・森山良子《もりやまりょうこ》が録音した「さとうきび畑」では、夏の日差しに照らされた広いサトウキビ畑が歌い上げられる。

ざわわ　ざわわ　ざわわ　広いさとうきび畑は
ざわわ　ざわわ　ざわわ　風が通りぬけるだけ

この歌詞が幾度も繰り返される。風が渡っていくサトウキビ畑の明るさが、戦争の悲しさを引き立てる演出になっている。

風が通り、光を浴びるサトウキビ畑。この光景は、沖縄を代表するイメージの一つだ。ところが、その背後には、光を浴びることの少ない政治事情が渦巻く。沖縄の農政は、サトウキビのために風通しが悪くなっているのである。

サトウキビ畑

沖縄は財政効率の悪さで北陸3県に勝るとも劣らない。2021年は47都道府県のうち44位。20年は46位、17～19年は45位だった。

沖縄と北陸では、気象条件も作物の構成もまったく異なる。それなのに、沖縄が最下層の集団に入る理由は、多額の予算をつぎ込まれて太り過ぎているからだ。サトウキビ畑のすがすがしい印象と違って、補助金で焼け太りしている農業ができているのだ。

儲かりにくいサトウキビに農家が集中

サトウキビもコメも、その価格は市場原理ではなく政策で決まる。ともに多くの農家の所得を上げられる作物として、その価格を高く保つために多額の予算が投じられる。

サトウキビが特殊なのは、コメと同様に国が生産に介入するから。そして、農家の収入に占める補助金の割合が高い「政府管掌作物」であり、地域の基幹作物だからだ。

日本の政府は1942年から94年まで、コメやムギといった主要な食料を政府の管理、統制下におく「食糧管理制度」を設けていた。太平洋戦争の開始とともに不足する食糧を国民に配給する目的で作ったものだ。

50年代に入ると、食糧不足の解消で統制の必要性は薄れたが、流通を規制し生産者価格を高く維持する手段として制度は存続した。配給という本来の目的と実態の乖離が激しくなり、94年に廃止されている。あらゆるものが市場原理で決まる時代に、旧態依然の制度を50年以上続けていたのである。

国が市場原理とは違うところで価格を決めてきた「政府管掌作物」は、今もその影響を色濃く残している。サトウキビの価格がどう決まるかは後ほど説明する。

砂糖の原料となるサトウキビは、沖縄と鹿児島の南西諸島で生産される。全国の生産量は精製糖ベースで約13万トンで、うち約8万トンを沖縄県産が占める。

精製糖は、上白糖やグラニュー糖、三温糖といった商品として流通する砂糖を指す。

〈沖縄県におけるさとうきびは、全耕地面積の約5割、農家の約7割が栽培していると

ともに、製糖を通して雇用機会を確保するなど、農家経済はもとより、地域経済を支える基幹作物となっております〉

沖縄県糖業農産課は、サトウキビの重要性をホームページでこう強調する。そう、沖縄には砂糖を製造する「糖業」を専門とする部署があるのだ。福井県が県産米の販売促進を目的に設置した「福井米《まい》戦略課」を連想した。

ところが、沖縄県の農業産出額に占めるサトウキビの割合は2021年に21・3％に過ぎない。「農家の7割」「農地の5割」「農業産出額の2割」という3つの数字から見えるのは、狭い農地を耕作する零細な農家が、儲かりにくいサトウキビの生産に集中した結果、農地の多くがサトウキビの生産に過剰に割かれてしまっているという構造だ。

肉用牛の急伸、サトウキビの停滞

同県で最大の産出額を誇るのは、食肉にするために飼育される肉用牛だ。農業産出額に占める割合は22・7％である。サトウキビは13年に長年保ってきた1位の座を肉用牛に明け渡した。

両者の農業産出額をみると、沖縄が本土復帰後最大の農業産出額を挙げた1985年

石垣島で飼われている牛たち（金城利憲さん提供）

にサトウキビ374億円（構成比32・2％）、肉用牛50億円（同4・3％）だった。それが2021年はサトウキビ196億円、肉用牛209億円。サトウキビの停滞と肉用牛の急成長が見てとれる。

砂糖は海外から原料となる原料糖が安価に約103万トンも輸入される。製糖会社は国際相場に基づいて農家に原料糖の代金を支払う。この原料代は国内の生産コストを大幅に下回る。国内外で生産コストに雲泥の差があるからだ。

名護市議会で農業問題をたびたび取り上げてきた同市議の大城敬人《おおしろよしたみ》さんはこう話す。

「オーストラリアやハワイのサトウキビの農場を視察したことがありますが、広い農地で大きな収穫機を使って、一気に刈り取っていました。沖縄でも生産の効率を上げるため、土地に合った小型の収穫機の導入が進んでいます。とはいえ、海外には生産費で太刀打ちできない」

そのため、政府が生産コストと原料代の差額を補填する「生産者交付金」なしに農家の経営は成り立たない。

「政府が手厚く価格を保証しているから持っているようなものなんですね、サトウキビというのは」

大城さんはこう言って、サトウキビが政策に大きく依存していると指摘する。

価格は政府が決めるもの

生産者交付金の算出で基準となるのは「効率的に生産している農家の標準的な生産コスト」（農水省地域作物課）。具体的には７ヘクタール以上を生産する農家の標準的な生産コストが基準となる。

21年産のサトウキビを例に、１トン当たりの収支を見てみよう。農水省によると、利子や地代まですべて算入した「全算入生産費」は２万４９１６円だった。

沖縄県で農家に払う原料代を決めるのは、県内のＪＡグループを代表する機関である同県農業協同組合中央会（ＪＡ沖縄中央会）である。その組合員であるＪＡおきなわ（那覇市）は離島で六つの製糖工場を運営し、農家からサトウキビを買い取る。中央会が決めた原料代は５８５１円。対して政府が支払う交付金は１万６８６０円で、両者を足した農家手取り額は２万２７１１円。

手取り額は過去最高額となったが、それでも２２０５円の赤字となる。交付金の算定基準が効率的な農家であるだけに、生産コストを抑えないと利益を出すことはできない。サトウキビは平均的な農家にとって儲からない作物になっている。

ＪＡ沖縄中央会の会長を務める普天間《ふてんま》朝重《ともしげ》さんにインタビューしたときのこと。同会は沖縄の農業分野で最大の外国人労働者の受け入れ組織になっている。その話題が出たとき、普天間さんは労働力の不足と外国人材の活用について次のように分析した。

「ベトナムは現地の景気が良くなり、すでに日本に働きに来なくなる兆候がある。外国人が働く先を選ぶ基準は賃金水準なので、これからは国や産地の間で賃上げ合戦になっていくはず。人を確保するためには賃金を上げていくしかなく、農家の負担感は増すだろう」

つまり、ゆくゆくは農業所得を上げていかないと、外国から人が来なくなるという話だ。「付加価値の上げ方として、沖縄県でどういうことが考えられるんですかね」と水を向けたところ、沖縄の農業はサトウキビが中心になると断わったうえでこんな答えが返ってきた。

「サトウキビは砂糖の原料作物として生産されていて、製糖工場が島に一つずつしかないなど制約が多く、独自に工夫しようとしてもなかなか難しい」

先に説明したように中央会は、サトウキビの原料代を決める立場にある。とはいえ原料代は農家の手取り収入の4分の1に過ぎない。4分の3を占める交付金こそ、重要になる。

農家の手取り収入を実質的に決めているのは政府、なかでも自民党だ。農水省は例年、交付金単価を同党の「野菜・果樹・畑作物等対策委員会」で示し、了承を受ける。

普天間さんは、中央会を含むJAグループや団体で構成する「沖縄県さとうきび対策本部」の本部長という顔も持つ。農水省や自民党に交付金単価の引き上げを陳情する立場だ。

サトウキビの生産費は、機械化が進んだこともあって下がる傾向にある。対して原料代は近年、砂糖の国際相場と連動して上がっている。そのため、財務省は農水省に交付金を引き下げるべきだと指摘してきた。しかし、自民党は地元の要望を受け、引き下げを突っぱねる。その繰り返しで、21～23年産は交付金単価が据え置かれたままだ。

サトウキビは極めて政治的な作物なのである。

「ノー政」から補助金農政へ大転換

「やっぱりサトウキビは、本土におけるかつての稲作になぞらえられるものだと思うんですね」

こう話すのは、東京農工大学農学研究院教授の新井《あらい》祥穂《さちほ》さんだ。沖縄の各地で農業を調査してきた。

「県内のさまざまな地域で作られ、政策的な支持がある。その政策的支持にしても、ある時期においては産業政策としての農業政策というよりは、家計に、社会不安を払拭するような収入源をもたらす目的のもとで実施された。そういう点で、本土でのコメです」

サトウキビの政治性が際立ったのが、沖縄の本土復帰前後である。そこに至るまでの戦後の沖縄農業を簡単に振り返りたい。

戦後、沖縄はアメリカ軍政府の統治下に置かれた。その農業政策は「ノー政」と呼ばれる。こう名付けたのは、沖縄の農業と地域経済の代表的な論客で、沖縄国際大学名誉教授である来間《くりま》泰男《やすお》さんだ。「何もない」という意味の「NO」と農をかけている。

アメリカにとって沖縄は自国の農産物の輸出先であればよく、その農業を振興するモチベーションは低かった。そのため農政は、防疫や肥料の取り締まり、農協の体制整備といった必要最低限の範囲にとどまった。積極的な農政がみられなかったことを揶揄して、ノー政というわけだ。

「戦前の沖縄には稲作が少なからずあったんですが、アメリカとしては稲作を復活させたくない事情がありました。カリフォルニア米をはじめ、自国の農産物を輸出していたから、農業にテコ入れはしなかった。防疫だとか、社会不安を起こさない程度にコメを確保するといった、沖縄の人々が飢えないように食料を流通させる政策はあったんですけれども、農業の振興にはつながらなかった」(新井さん)

農地を広くする基盤整備も、大型機械の導入も、本土に比べて進まなかった。ところがこのノー政の時期に大きく生産を伸ばした品目が二つある。サトウキビとパイナップル。急成長の要因は、原料糖とパイン缶に対し本土での需要が高まったことと、日本政府による保護である。

2　キューバ危機で拡大したサトウキビ

「さとうきびモノカルチュア」

こうして、農家の間でサトウキビの単一栽培が広がり、「さとうきびモノカルチュア」になっているとして、その是非が議論されるまでになる。サトウキビは終戦前後、壊滅的な状況に追い込まれていた。それからすると、信じがたい回復を果たしたことになる。

終戦直後の沖縄農業は、農地と労働力の不足と深刻な食糧難という厳しい状況にあった。沖縄戦で農地は荒廃し、さらに条件の良い広大な農地が米軍によって基地の用地として接収され、面積が激減した。

肥料や農薬といった資材も労働力も足りず、食糧難への対応が優先される。サトウキビ畑は焼き払われ、サツマイモ畑へと様変わりした。サトウキビはイネ科の多年生植物で、収穫後の切り株から再び芽が出てくる。だから再生しないように、わざわざ焼き払ったのだ。

戦前に沖縄で最も重要な農産物の一つだったサトウキビは、見る影もなく廃れてしまう。全滅と言っていい惨状だった。

そうではあったが、暴風に強く台風の多い土地でも作りやすいこと、沖縄では数少ない商品作物であることから、生産の再開を望む声が高まる。1950年に発足した「琉球農林省」は、「糖業復興計画」を作り、アメリカ軍政府に提出。これを受けて、サトウキビの栽培再開と近代的な大型の製糖工場を建設することにより、糖業を復活させることが決まった。

50年代、日本政府は奄美と沖縄から輸入する原料糖の関税を撤廃する。沖縄に対するこの特恵措置により、有利な条件で本土の市場に原料糖を売ることができるようになった。サトウキビの生産は急速に伸びていき、60年代に「サトウキビブーム」が出現する。64年度には同県の農業産出額のほぼ半分を占めるまでになった。

ブームの要因の一つが、62年に米ソが核戦争の寸前まで対立を深めたキューバ危機。キューバにソ連のミサイル基地が建設されていることにアメリカが反発し、ミサイルのさらなる搬入を阻止するために海上封鎖を行った。

世界中が核戦争の恐怖におののいた事件の震源地であるキューバは、世界最大の砂糖輸出国で、この年に砂糖を大幅に減産する。砂糖の国際相場が急騰し、沖縄の農家が受け取る原料代は上がった。

沖縄の経済界でよく知られた論客であり、農業事情にも通じているのが、宮城《みやぎ》弘岩《ひろいわ》さんだ。最新刊に『時代を変える　究極の沖縄農業と新しい観光』（琉球新報社、2023年）がある。代表を務める農業法人・O．T．アグリカルチャーは、近く豊見城《とみぐすく》市の植物工場で野菜の生産を始める。

宮城さんは、当時をこう振り返る。

「沖縄でもコメを作れないことはないんだけど、キューバ危機のとき世界から砂糖がなくなるって騒ぎになって、コメをやめてサトウキビに切り替えたんだ。いまとなっては完全に農政の失敗です」

沖縄県物産公社に勤めたとき、全国のアンテナショップの先駆けとして知られる沖縄物産店「わしたショップ」を東京・銀座に開店し、成功させた。沖縄県商工労働部長をへて、現在は沖縄の物産を扱う総合商社・株式会社沖縄物産企業連合（那覇市）の取締役会長を務める。沖縄県庁で働いたころから、サトウキビに頼る沖縄農業のあり方に否定的だった。

サトウキビはそもそも干ばつに強く、収穫時期を除くとさほど労力がかからない。しかも、風や干ばつへの耐性を高めた品種が普及し、楽をして稼げる作物としての魅力を増した。

当時の沖縄は、基地周辺でサービス業を中心に経済が発展する「基地経済」や、ベトナム戦争にアメリカが1964年に本格介入したことに伴う「ベトナム特需」に沸いていた。農家は兼業としての就業機会を与えられ、さらに兼業にもってこいのサトウキビという得難い作物に恵まれていたのだ。

質より量を重視した生産がされがちで、それは、サトウキビの生産者の手取り額がかつて重量に応じて決まっていたことが影響している。砂糖にするからには糖度が高いに越したことはない。しかし、農家は糖度を高めるより量を多くとる方が収入につながるため、化学肥料を大量にまいて品質の悪いサトウキビを大量に収穫しがちだった。

94年からは糖度に応じて価格が変動する「品質取引」が導入されている。基準となる糖度（13・1〜14・3度）を上回ると、超えた度数に応じて増額をし、逆に基準を下回ると減額する。

品質取引には、農家が糖度の高いサトウキビを生産する意欲を高める狙いがあった。けれども、農家が糖度を上げる動機付けには必ずしもなっていない。

本土復帰でサトウキビブーム再来

サトウキビブームに話を戻すと、良い時期は長続きしなかった。64年から原料糖の国際価格が急落し、原料代も低迷。本土の製糖会社が沖縄産の原料糖を買う動機も弱まっていった。

アメリカが図らずもキューバ危機でもたらしたサトウキビの好況。それが不況に転じたとき、原料糖を買い支える措置を取ったのが日本政府だった。65年、「沖縄産糖の糖価安定事業団による買入れ等に関する特別措置法」により、いまへと続く買取の仕組みができた。

具体的には、糖価安定事業団（現在の独立行政法人・農畜産業振興機構）が安価な輸入糖から調整金を徴収する。この調整金に国費も合わせて生産者交付金を支払う。調整金の分だけ輸入糖は高くなり、交付金の分だけ国産糖は安くなるので、国内で売られる砂糖の

図表7　砂糖の価格調整制度の仕組み

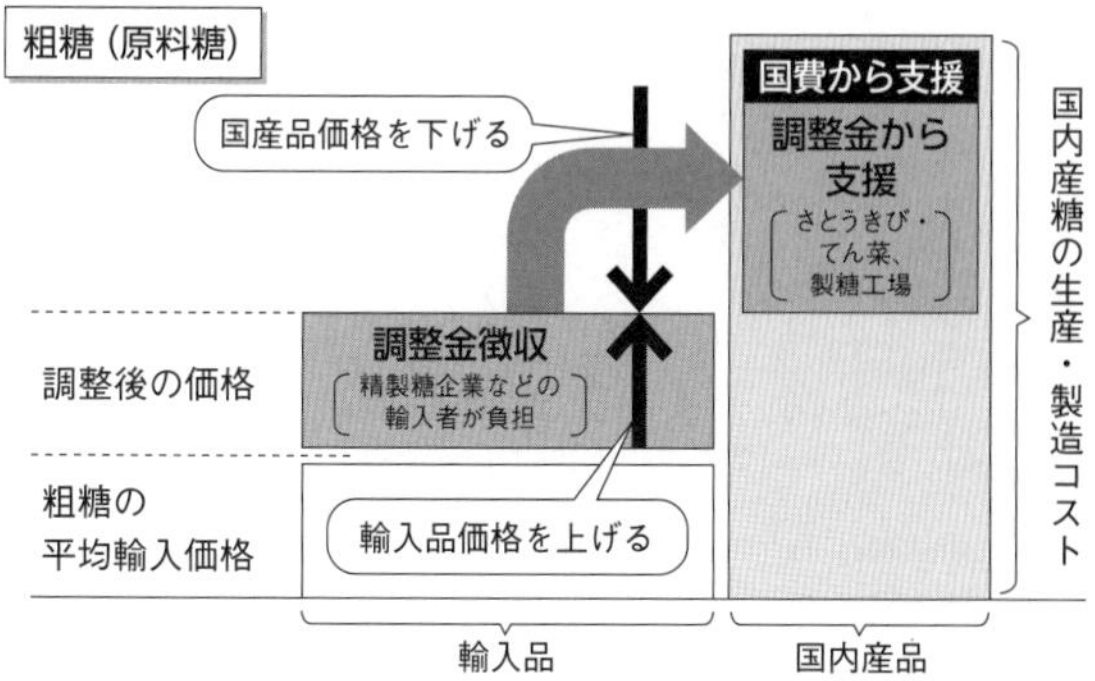

出典：農畜産業振興機構「日本の砂糖を支える仕組み」

価格が同等になる（図表7）。

原料糖の輸入枠は沖縄産の購入実績に応じて決まることになり、製糖会社が沖縄産の原料糖を買う意欲を高めた。

「沖縄の農家の農業所得を、広範囲に手っ取り早く引き上げるには、サトウキビ作・糖業の保護を強化することがもっとも効果があると考えられた」

新井さんはこう指摘する。

日本の農政はコメについて、価格を高止まりさせることで農家の所得を保証してきた。それと同じ手法を、復帰後の沖縄のサトウキビにも適用する。

「復帰直後、実質的にはキューバ危機などで世界的にサトウキビブームが起きたころの水準まで政策的にサトウキビの価格が引き上げられました。その後据え置かれましたが。とはいえ、復帰直後の伸びは、当時物価が上昇していた影響を差し引いても、極めて大きいものでした」

生産者価格が復帰直後の72年産でトン7000円だったのが、74年産は1万5000円まで引き上げられた。新井さんは復帰後から80年代半ばまでの時期を「第二次サトウキビブーム」と呼ぶ。当時、「沖縄のサトウキビに期待されたのは、本土におけるコメの役割」（新井さん）だった。

サトウキビとコメは同じイネ科に属し、共に価格支持政策の恩恵を受けてきた。「非常に近いですよね。ある時期まで10アールから上がる農業所得もほぼ一緒でした」（新井さん）

これら二つの作物では、生産者が多いぶん、国が価格を高く保つよう支持する「価格支持政策」を行えば、農家所得を引き上げることができた。

だが、価格支持政策は80年代の後半以降、縮小を迫られる。きっかけは、農業貿易の自由化を目指して86〜93年に行われたガット・ウルグアイ・ラウンドにおける農業交渉だった。

ガット（ＧＡＴＴ）は「関税及び貿易に関する一般協定」の略称である。成立の背景には、戦前に有力国が閉鎖的な経済圏のなかで貿易をおこなった「ブロック経済」が第二次世界大戦を招いたことへの反省がある。ガットは関税といった障壁を取り除き自由貿易を目指す多国間協定として、48年に発効した。日本は55年に加盟した。ガットは95年に発足した国際機関・世界貿易機関（ＷＴＯ）に引き継がれている。

ウルグアイ・ラウンドは、関税や輸入制限、価格支持政策などの水準を引き下げる方向で交渉がなされた。日本を含む参加国は、輸入数量制限といった国境措置を関税にし、関税率を次第に引き下げることで合意する。95年に日本はコメを除いて関税化を行い、関税の水準を農産物全体で平均36％引き下げていくことになった。

コメが例外とされたのは、国内で関税化への反対運動が盛り上がったから。国会で「一粒たりとも入れない」という文言の入った反対決議が採択されるほどだった。

その結果、日本はコメの関税化を猶予される代わりに、ミニマム・アクセス（最低輸入量）を受け入れる義務を負う。ところが、輸入量が年々引き上げられること、他国と貿易交渉をするうえで関税化の例外を残しておくのが難しい情勢になったことを理由に結局、99年にコメも関税化した。だがいまに至るまでペナルティとしてのミニマム・アクセスは残り、年間77万トンをミニマム・アクセス米として輸入し続けている。
コメと砂糖はいずれも、重要品目として高い関税で守られている。そして、ともに再生産を可能にするための価格支持や補助金の投入が続いてきた。
「世界的に価格支持政策ができなくなる中で、サトウキビの価格っていうのは非常にグレーなんですよね。稲作ではもうできなくなったようなことをいまだに続けているわけですから。『構造改善』をしているとアピールしないといけない」(新井さん)
構造改善とは、農業経営の規模が零細な日本の農業構造を、農家の経営規模を広げて改善することを言う。ところが現実には、サトウキビは構造改善と遠い結末に至ろうとしているようだ。それを露わにしたのが、農業版の国勢調査と言える「農林業センサス」の2020年版(以下、2020年センサス)だった。

3　農家だけでなく農地まで急減の危うさ

農地と労働力の両面で農業離れ

2020年センサスで、沖縄県の農家数と耕地面積はともに2割以上減った。

「ついに農業離れが農地と労働力の両面で進むようになった」

新井さんはこう指摘しながら、次のように嘆息する。

「離島部は本島部に比べると農地の減り方が緩やかで、２００５〜15年の間は踏みとどまっている印象があった。それが減少になり、とうとう来たか……と私自身ショックを受けている」

農林業センサスは5年に1度行われていて、15年と20年を比較すると、県の経営耕地面積は21・４％の減少となった。これは、本土復帰する前年の大干ばつとその後の混乱から離農が激化した１９７０〜75年の23・７％減に次ぐ下げ率だ。

ここまで減った理由の一つが、農業人口の多い世代が高齢化で離農していること。新井さんはこの１９３５〜54年生まれの世代を「第二次サトウキビブーム世代」と呼ぶ。復帰後から80年代半ばにかけて、サトウキビの生産者価格が大幅に引き上げられた。離島部を中心に「第二次サトウキビブーム」と呼べる状況が生まれ、就農者が多かったのだ。

ただし2度のブームはいずれも10年ほどで収束する。90年代になるとサトウキビから得られる農家の手取り収入が減り、次の世代の就農は頭打ちになった。

「『第二次サトウキビブーム世代』が高齢化し、いよいよ農業から退出している。その下でバトンを受ける世代の少なさが表面化した格好だ。さらに本島部では定年後に就農する『定年帰農』が、見えなくなっている」（新井さん）

定年帰農が減った理由としては、「再雇用をはじめ農業以外での高齢者の就業機会が増えたのかもしれない」という。

2020年までの5年間に沖縄県の農業経営体は24・7％減った。「放出された農地を吸収するような経営体が足りず、経営耕地面積まで落ち込んでいる」

本土の稲作を中心とする農業地帯では、高齢な農家が離農すると周辺の農家が農地の受け手になり規模を拡大する。そのため一般的には年を経るごとに大規模農家が増えていく。ひるがえって沖縄県の離島部では5ヘクタール以上の経営体が10年以降むしろ減っている。「規模の大きい上位層の農家が育っていない」と新井さんは指摘する。

担い手に農地が集まらない。その理由の一つは「農地市場がまだ競争的」、つまり地権者が強く借り手が弱い立場にあることが考えられるという。この状態だと、まとまった農地を借りることが難しく、飛び地のように農地が点在する「分散錯圃」に陥りやすい。これでは農地を集約しても効率が上がりにくいので、規模を拡大する意欲は薄れる。

ほかの理由としては、次のようなものが考えられる。規模の拡大に対応した肥培管理技術が確立されていない。広い面積を必要とするサトウキビよりも、果樹や野菜といった狭い面積で高い収益を挙げる作物に農家が可能性を見いだし、農地が余る。16年以降は沖縄県内で人手不足が指摘されるような好況期だった――などである。

「農家が経営上、農地を峻別《しゅんべつ》するようになり、条件の悪い土地をついに見放すようになったのではないか」（新井さん）

転用の期待が阻む農地の集約

ＪＡ沖縄中央会の普天間朝重さんは、離島の農業を維持する難しさを指摘する。

「サトウキビの８割、肉用牛の７割という具合に、沖縄農業の重要な部分は離島が担っている。今の環境では、離島で担い手への農地の集約が進まないので、県全体でみても集約が遅れている」

進学や就職を機に離島を離れても、親が農業を引退するとなったら長男が帰って跡を継ぐ。かつてはよく見られた継承のあり方は、もはや主流ではなくなっている。その結果、「親が農業をやめるとなったら、沖縄本島にいる子どもが逆に親を呼び寄せる。将来の離農が見えている農家は、投資も規模の拡大もできない」（普天間さん）。

かたや、沖縄本島でも新たな道路や観光施設などの開発が続き、「農地の流動化がなかなか進まない状況」（普天間さん）にある。農地が転用されたり、転用を期待して売買や賃貸借が滞りがちになるからだ。

政府は農地の8割を、他産業並みの所得を確保し得る「効率的かつ安定的な農業経営体」である担い手に集約すると掲げるが、県内の集積率は22年度に25・8％に過ぎない。

農地の貸し借りを仲介する組織として農地中間管理機構が存在するが、その成績も極めて悪い。離農しても所有者が農地を貸したり売ったりしないからだ。宮城さんは言う。

「農地中間管理機構は機能していない。農家が土地を手放さないのは、ここにスーパーが来るとか、国が道路を建設の予定とかなれば農地が10倍以上値上がりするから、そういう機会を待っているんだ」

集積が進まない理由として、「闇小作」もささやかれる。農地の貸し借りは各地の農業委員会を通して行うように農地法で定められている。これを無視して当事者どうしで違法な貸し借りをする闇小作が後を絶たない。

沖縄に特異な事情もある。大規模な経営をしやすい条件のいい農地ほど、地域によっては米軍基地として接収されている。

「嘉手納《かでな》町は全面積の82％が米軍基地だよ。そこで農業できると思う？　宜野座村《ぎのざそん》は51％、北谷《ちゃたん》町で52％、金武《きん》町で56％、読谷村《よみたんそん》や沖縄市は30％台が米軍基地で、そこでは農業ができないんだ」（宮城さん）

基地の問題は、農地の集積に限らず沖縄の農業全体に影を落とす。

宮城さんは沖縄だけでなく、日本の農政についても手厳しく批判する。産業を振興する農業政策と、地域を振興する農村政策が切り分けられておらず、ともするとごっちゃに扱われるからだ。

「日本の農業は、農村風景を農業って言っているんだ。産業じゃないからさ。世界水準でみると農業じゃなくて遊び、お祭りだ。よく言われているように、『業』というビジネスが欠落しているんだ。それでは国際化の時代に通用しないね」

サトウキビに付いて回る共同性と「ユイマール」

「ユイマール」という沖縄の言葉がある。「結い」を意味し、助け合いや相互扶助などと訳される。もとはといえば、共同作業で行うサトウキビの収穫こそ、ユイマールだった。

宮城さんは言う。

「サトウキビがダメになったのは、国の政策もあるけど、『ユイマール』という農村での共同事業が衰退してからだよ。ユイマールという遊びや楽しみでもあったものがなくなると、平均0・7ヘクタールという畑を夫婦2人で適切に管理するのはムリで、次第に熱意がなくなっていく。近年、農家の作るサトウキビは品質が悪く糖度が低くて、売れなくなっている」

離島を中心に収穫機の導入が進み、収穫は共同作業ではなくなりつつある。そうではあるが、サトウキビにはいまでも共同性が避けがたく付いて回る。

新井さんは言う。

「サトウキビで一つ不幸なのは、収穫後すぐに加工しなければならず、製糖工場が近くにあることが必須になること。地域全体の生産量が減って製糖工場が消失したら、個別に意欲ある農家がいても、生産が叶わない。サトウキビに力を入れたい、あるいは減らしたいというのは、農家個人の思いだけでは実現しないんですよね」

地域として一定の生産量がないと製糖工場は運営できなくなる。製糖工場がなくなっては、サトウキビを生産する意味がない。

「稲作であれば、強力な農家が現れて、乾燥調製施設を持って生産から流通、販売まで自前で行うこともできる。でも、サトウキビでそれをやるのは限界があります」（新井さん）

県内の製糖工場が建て替え時期を迎えており、ＪＡ沖縄中央会にとってはサトウキビ生産の維持、拡大が悩みの種になっている。普天間さんは「規模の小さいサトウキビ専作経営では、後継者が見つかりにくい」と話す。

好機と捉えているのは、各地の農業委員会が25年度までに、地域農業の将来のあり方を示す「目標地図」を作ること。

「地域内の耕作放棄地をどうするかという問題が出てくる。ＪＡグループとしては、耕作放棄地で基本的にサトウキビを作りたい」（普天間さん）

牧草地との競合

ただ、ＪＡグループのこうした動きを苦々しくみている人たちもいる。沖縄県内の農業産出額でトップである肉用牛の関係者だ。

飼料にする牧草を育てるための牧草地を飼料が高騰するいまだからこそ、増やしたい。けれども、農地は限られているだけに、サトウキビと牧草の生産が競合してしまう状況がある。

飼料の自給率は25％にとどまる（21年度概算、農水省調べ）。トウモロコシやダイズかすなどを輸入に頼っているからだ。牧草や稲わらといった本来国内で栽培しやすいはずの飼料も、およそ4分の1を輸入している。

近年は飼料が値上がりしている。牧草地さえ確保できれば飼料を作りたい、あるいはその生産を農家に委託して飼料を買い取りたいと考える畜産農家は多い。

「海外から輸入する牧草は、円安と海上運賃の値上がりで高くなっている。畜産の関係者はエサが足りない、草地を増やしたいと思っている」

こう話すのは、農業法人・有限会社ゆいまーる牧場（石垣市）会長の金城《きんじょう》利憲《としのり》さん。長年、食肉業界に身を置き、大阪で精肉店を開業して高級な和牛を扱ってきた。その後、沖縄に戻り、自ら牛を育てたいと１９９５年に石垣島で同社を設立した。５５０頭の肉牛を飼い、焼き肉店も経営し、グループで約5億円を売り上げる。

同県内で主流なのは子牛の生産で、子牛の出荷頭数は全国4位。県外の農家が子牛を買い取り、「松阪牛」や「近江牛」といったブランドに育てる。金城さんは子牛を育てるだけでなく、その後肉量を増やしていく肥育も自ら行う。牛の繁殖から出荷までを一貫して手掛け、「石垣牛」をブランドに育て上げた。

金城利憲さん（本人提供）

肥育まで行えば、子牛として出荷するよりも高く売ることができる。それでも、肥育を行う農家にとって、生産費に占める割合が3割台となる飼料の高騰は打撃だ。金城さんは、少しでも安い飼料を確保したいと手を尽くしているところだ。

飼料の高騰を主な原因とする畜産農家の倒産や離農が全国で相次いでいる。

「畜産農家をつぶさない方法は、やっぱり牧草の確保なんですよ。海外から輸入するよりも経営が安定しますから。畜舎のバックヤードに広大な牧草地があるのが理想」

牧草地の不足が伸びしろの大きい肉用牛の足を引っ張る。そんな状況に不満を抱く。

「みんな草が欲しいんです。のどから手が出るほど」（金城さん）

サトウキビの消滅を予測するドラゴンフルーツ農家

「沖縄のサトウキビはおそらく20年以内に消滅するでしょうね」

こう語るのは、読谷村の33アールでドラゴンフルーツを栽培する上間《うえま》充信《みちのぶ》さんだ。上間さんは「琉球紅龍果（ドラゴンフルーツ）研究会」を自ら立ち上げ、代表を務める。ドラゴンフルーツの苗を台湾から大量に輸入し、独学で栽培技術を高め、面積を徐々に増やしてきた。

ドラゴンフルーツはサボテン科に属し、その果皮は紫がかった鮮やかな赤色で龍のウロコのような形をしている。果肉は白いものと赤いものがあり、さっぱりした甘さで果汁が多い。

国内では主に東南アジアから輸入したものが流通している。輸入品は未熟なまま収穫するため味が薄くなりがちで、輸送に時間がかかって味が悪くなりやすい。それだけに、国産も含めて「味にがっかりする果物」と誤解されている。

「マツコ・デラックスと有吉弘行《ありよしひろいき》がテレビ番組で、ドラゴンフルーツを食べて『味付けしてない里芋』って言うんだよ。腹が立ってね」

上間さんをこう悔しがらせた番組が、2020年7月17日に放送されたテレビ朝日「マツコ&有吉　かりそめ天国2時間SP」。見掛け倒しで食べると味にがっかりする果物が話題になった後、出演者がスタジオに用意されたドラゴンフルーツを食べた。

有吉さんは口にしてからしばらく沈黙し、「(味の方向性を)ビシッとしろよ！」と痛烈にツッコミ。マツコさんも「なんかやっぱり……」とお気に召さない様子だった。その後も酷評が続いたのだが、上間さんは番組が輸入品を用意したのだろうと推測する。

「ドラゴンフルーツは木になった状態でしか完熟しません。輸入品は、完熟しないものを早くに収穫して持ってきているので、おいしくないのは当然」

国産の価値は、完熟のものを鮮度の高い状態で供給できることにある。年間生産量は100トンほどで、流通量が極めて少ない。

「僕らのような国内の生産者が作っている鮮度のいいものを一度食べたら、輸入品は食

ドラゴンフルーツ農家の上間充信さん

べられない。いつか2人に食べさせたい」

　こう訴える上間さんの畑を23年5月に訪れると、鉄パイプで棚が組まれ、月下美人を巨大にしたようなドラゴンフルーツが茎をその棚にまとわりつかせていた。1・5メートルほどの高さに育ち、一本の幹からヤマタノオロチのように無数のごつごつした茎を伸ばす。昼間だったので、月下美人によく似たおそらく人の頭よりも大きく開くだろうその花は、黄色くなってしおれていた。

「沖縄はいま、ドラゴンフルーツを語るほどの資料も実績もないですね。県は品種を開発して力を入れているけど、市町村がほとんど動いていないです」

　上間さんはこう悔しげに話す。規模を拡大

すべく、栽培を希望する人に自らのノウハウを伝え、苗を譲り渡してきた。新たに農地を拡張する予定で、今後、沖縄の生産者としては、トップクラスの生産量に達するはずだと見込む。

ドラゴンフルーツなら、33アールを家族で経営したとして、１０００万円以上の売上を立てられるという。ドラゴンフルーツは生命力が旺盛で、沖縄の気候に適している。それだけに、水や肥料の代金としてかかる経費は、高が知れているという。

「読谷村の代表的な作物にできるんじゃないか」

こう見込む上間さんの目に、補助金に頼るサトウキビは危うく映る。

「国も財政が苦しくて、補助金を出し続けられないですよ。本来、そんなに金があったら、こういう沖縄に適した作物や牛といった優位性のあるものにつぎ込んで、研究すればいいのに」

サトウキビは、政府が農家の収入を直接的に決めている点で、コメ以上の手厚い保護を受けているといえる。保護の代償として沖縄の農業が失ったものは小さくない。

沖縄戦、そして占領、復帰という歴史の荒波にもまれてきた沖縄。負い目のある日本政府はその農業を特別扱いした。その結果、沖縄の農業は他県に先駆けて衰退しかねないという危機に直面している。
国から保護されればされるほど、農業の衰退が早まる——。そんな皮肉な現実がある。

ここまで、第1章から第3章では〈農業産出額÷農業予算＝予算1円当たりの農業産出額〉という計算式に基づいて、都道府県の財政効率をみてきた。米どころといった手厚く保護されている県ほど、財政効率は悪くなっていた。

財政効率のいい県は、農業予算が相対的に少なく、しかも農業産出額が高い。農家自身が稼ぐ力を身につけているので、財政出動が少なくても農業が発展する。農業が産業として自立していると言える。

こうした財政効率のいい県は、農業の生産性も高い。労働者当たりの労働生産性、あるいは面積当たりの土地生産性で抜きん出た存在になっている。

生産性が高まり続け、農業が自然と盛んになる県。その特徴を押さえることは、長年農業の振興をスローガンに掲げながら足踏みを続ける県の参考になるはずだ。続く第4章で取り上げたい。

第4章　海外に伍する産地――労働生産性と土地生産性

1　労働生産性は全産業の3分の1

農家減で雇用増

農家が家族だけに労働力を頼る時代は終わった。

高齢者の引退に伴って、地域に残った農家は規模を広げていく。すると、家族の労働力だけでは作業をこなせなくなり、雇用に踏み切ることになる。

雇用を入れるには、経営上の変化を迫られる。家族だけだと、労働時間の考え方があいまいになりやすい。そもそも、地代や農業資材の購入費といった必要経費ですら、どんぶり勘定で済ませる農家が多い。家族の労働に伴う人件費は、なおのことうやむやにされがちだ。

ところが雇用をするとなると、働いた時間に応じて賃金を払う必要が出てくる。収益を出さなければ、人件費は捻出できない。否応なしに労働生産性、つまり従業者1人当たりが生み出す価値を高めざるを得なくなる。

いまや、あらゆる産業で人手が足りないと言われている。そんななか、農業は遅ればせながら、雇用型に変化している。雇用を確保しなければならない農家が増えているものの、農業の場合はとくに募集をしても人が集まりにくい。給与や休日などの労働条件で、他の産業に見劣りしてしまいがちだからだ。

現状も十分厳しいが、農家の間で、近い将来にさらに人を雇いにくくなるとの懸念が広がっている。岸田文雄首相が最低賃金を2030年代半ばまでに現状の1・5倍に高めると、23年8月に表明したためである。

政治家の言うことは、当てにならない。とはいえ物価が上がり、生産性の向上が求められるという世の中の流れがある以上、政府の本気度とは関係なく、賃金は上がっていくはずだ。そんな流れに、果たして農業はついていけるのか。

生産性を上げて、全産業の平均以上の賃金を支払えなければ、今後、雇用を確保できなくなる。まず、現状がどうなっているのか押さえておきたい。

生産性は長期にわたって低迷

「農業の労働生産性は、日本全体の労働生産性の3分の1強に過ぎない」

こう説明してくれたのは、宮城大学名誉教授の大泉一貫さん。政府の規制改革会議や産業競争力会議などの場で、労働生産性の向上を長年訴えてきた。

日本の産業界における農業の位置を確認したい。

国内総生産（GDP）を基準にみてみよう。GDPは、一定の期間に国内で生み出された付加価値の合計で、国の経済活動の状況を示す。

GDPから物価変動を除かない「名目GDP」をみると、農業のそれは20年に4兆6779億円。これは全産業の0・9％に過ぎない。

対して就業者数は164万人で、全産業の2・5％と比率が上がる。GDPを就業者数で割って労働生産性を求めると、全産業の平均だと1人当たり807・5万円を稼ぐのに対し、農業は285・2万円で、平均のわずか35％しか稼げていない。

日本の農林水産業の労働生産性は、他の先進国と比べても停滞気味。こう指摘するのは、公益財団法人・日本生産性本部（東京都）が22年12月に公表した「労働生産性の国際比較2022」だ。

それによると、2000～20年に主要先進7カ国のうち、農林水産業の労働生産性の年間の平均上昇率がマイナスなのは、▲0・5％の日本だけだった。他国はというと、カナダ3・7％、アメリカ2・6％、ドイツ1・9％、フランス1・3％、英国0・4％、イタリア0・2％となる。「農林水産業の労働生産性は長期的に右肩上がりの国が多い」（日本生産性本部）なか、日本だけが例外となっている。

日本の農林水産業のGDPのうち、農業は84・4％を占める。農林水産業の労働生産性の後退は、農業の影響を強く受けていると言える。

大泉さんは、「農業の生産性は1990年から低迷してしまっている」と指摘する。最大の理由は、「生産調整」いわゆる「減反」でコメの作付けを制限したことにより、農家の増収しようという意欲を後退させたからだという。生産調整については後ほど説明したい。

とくに95年から2000年に労働生産性は下落していた。その後、上昇に転じたものの、大泉さんの見方は厳しい。「労働生産性の分母に当たる就業人口の減少によって生じる労働生産性の向上」に過ぎないと指摘する。

つまり、技術革新で労働生産性が向上したというよりは、単に従事者が減って、「捨て作り」と言われるような、作付けと収穫の間の栽培管理を手抜きした粗放な農業が行われた結果、生産性が上がったというのだ。

大泉さんは、１９９０～２０１０年を「農業の失われた20年」と表現する。

農業は稼げないという勘違い

ただし、労働生産性の全国平均が鳴かず飛ばずなことをもって、農業を稼げない産業と断定するのは早計だという。都道府県別の労働生産性を求めると、農業の平均だけでなく全産業の平均を上回る地域が存在する（図表8）。

筆頭は北海道で、それに次ぐのが鹿児島、宮崎という九州の畜産県だ。そして群馬、茨城、千葉と関東が続く。これらの地域は畜産や園芸が盛んである。加えて、雇用を伴う農業への転換が早くに始まった。

市町村になると、より産地として尖ったところが出てくるため、全産業の平均さえ大きく上回るところが続出する。そうした市町村は、基本的に収益性の高い、全国的に知られた品目を擁している。高収益作物と呼ばれる収益性の高い農産物か、畜産物である。品目を絞ったうえで、個々の経営が規模を拡大したり、生産の効率を高めたりするので、

図表8　都道府県別の農業産出額と生産性　2020年

都道府県	農業産出額（単位:億円）	順位	労働生産性（農業就業者1人当たり、単位:万円）	順位	土地生産性（1ヘクタール当たり、単位:万円）	順位
北海道	12667	1	1479	1	111	46
青森	3262	7	595	8	218	29
岩手	2741	10	489	15	183	35
宮城	1902	17	440	23	151	39
秋田	1898	18	450	20	129	43
山形	2508	13	537	13	215	31
福島	2116	15	334	41	153	38
茨城	4417	3	690	5	270	16
栃木	2875	9	558	11	236	23
群馬	2463	14	741	4	369	6
埼玉	1678	20	379	35	226	24
千葉	3853	4	652	6	312	13
東京	229	47	236	47	351	8
神奈川	659	37	323	42	358	7
新潟	2526	12	406	30	149	40
富山	629	39	420	27	108	47
石川	535	43	437	24	131	42
福井	451	44	397	33	113	45
山梨	974	32	401	31	416	3
長野	2697	11	398	32	256	18
岐阜	1093	30	442	22	197	34
静岡	1887	19	412	28	300	14
愛知	2893	8	606	7	393	5
三重	1043	31	460	18	180	36
滋賀	619	41	375	37	121	44
京都	642	38	361	39	215	30
大阪	311	46	291	45	249	19
兵庫	1478	22	355	40	202	32
奈良	395	45	313	44	198	33
和歌山	1104	29	366	38	347	9
鳥取	764	36	390	34	223	25
島根	620	40	322	43	170	37
岡山	1414	23	422	26	222	27
広島	1190	27	431	25	222	26
山口	589	42	282	46	131	41
徳島	955	33	442	21	335	10
香川	808	35	409	29	272	15
愛媛	1226	24	378	36	261	17
高知	1113	28	540	12	418	2
福岡	1977	16	453	19	248	20
佐賀	1219	25	487	16	240	22
長崎	1491	21	492	14	323	11
熊本	3407	5	560	10	312	12
大分	1208	26	485	17	221	28
宮崎	3348	6	934	3	513	1
鹿児島	4772	2	1029	2	416	4
沖縄	910	34	565	9	246	21
全国			547		205	

出所：農林水産省「2020年農林業センサス」、「令和２年耕地及び作付面積統計」、
「令和２年生産農業所得統計」
大泉一貫さんの資料より作成

労働生産性が高まる。

「都道府県だと農業の平均的な労働生産性の2～3倍に達するところがあり、市町村になると5～6倍のところがある。だから、農業の労働生産性は平均で現状の2～3倍に上げることができるはず」

大泉さんはこう確信している。

2　労働生産性の3トップ、北海道・関東・南九州

生産調整が引き下げたコメの生産性

都道府県の農業の労働生産性は、作る品目によって大きく変わってくる。その違いをみていきたい。

労働生産性を上げるうえで足を引っ張るのが、コメだ。

「稲作は、政治によって歪んでしまっている。いまだに1ヘクタール未満が稲作農家の6割を占めている。政治が規模の小さい農家を延命して、票田にすることをやめないから」

こうこぼすのは、コメの中間流通を担うある米穀卸売業者だ。

コメは長年、政治の庇護のもとに置かれてきた。政権与党である自民党にとって、農家は重要な票田だ。その数が多いほど議席を取りやすい。零細な農家でも離農しなくて済むよう、コメに多額の予算をつぎ込み、いわば輸血をしてきた。

結果として、零細な農家が細切れになった農地を耕作し続けている。田植え機やコンバインなどにより、機械化が進んでいるにもかかわらず、労働生産性は低い。零細な農家は、機械への投資がかさむ割に収穫する量が少なく、米価の下落もあって、採算がとれていない。

そんな「機械化貧乏」と言われる状態でも、農家はやってこられた。生計を立てるための稼ぎ口を、農業の外に持っていたからだ。

機械化で労働時間が減るぶん、コメは「じいちゃん、ばあちゃん、かあちゃん」を主力とする「三ちゃん農業」でできてしまう。家の主である「とうちゃん」は、平日をサラリーマンとして働き、土日に限って加勢するといった程度で済んできた。日本の農家の大宗を占めてきたそんな第二種兼業農家にとって、あくまでも収入は農業以外の仕事に依存しているので、農業は片手間でいい。自ずと規模の拡大を志向せず、雇用をすることなどは考えもしなかった。高度経済成長につれて地方にも工場が建てられ、自動車やオートバイが普及したこともあって、「農家の総兼業化」が起きた。

ところがいまや、地方でも核家族化が進んでいる。同時に「かあちゃん」や「じいちゃん、ばあちゃん」まで働きに出るようになり、三ちゃん農業は崩壊した。賃金を支払わなくてもいい、無償の労働力がいなくなってしまったのだ。

三ちゃん農業が崩れた２０００年代に入ってから、稲作でも規模の拡大が進んで、雇用者数を大きく伸ばしてきた。ただ、畜産や園芸に比べると、その数はいまもって少ない。

コメの労働生産性を低くしてしまった元凶こそ、生産調整だ。農水省が全国でコメを作付けする面積を取り決め、市町村を通じて農家に割り振った。04年以降は、制限する対象が面積から生産数量に変わっている。水田にムギやダイズなどを作付けする転作に対し、補助金や助成金を付け、コメの生産を抑制するよう圧力をかけてきた。

生産調整は現在、米価を上げて農家の手取りを増やす手段として使われている。けれども長期的には、多くの損失をもたらした。

生産を抑制するだけに、コメの品種を開発する研究者と農家の双方にとって、面積当たりの収量を高める必要が乏しくなる。結果として日本は、コメの生産性で他国に後れをとってしまった。国際連合食糧農業機関（FAO）によれば、面積当たりの収量で、1961年に加盟国のうち6位だった。それが2020年に12位まで下がってしまっている。

近年は米価が上がるたびに、とくに外食事業者や、弁当や総菜などを作る中食事業者を中心にコメの消費を減らしてきた。具体的には、ご飯の量を減らしたり、ご飯をパスタに置き換えたりした。

結果として、コメの需要が減る速度は上がってしまった。年間8万トンのペースで減っていると言われていたのが、いまや年間10万トンになっている。米価を上げるための生産調整がコメの需要を減らし、価格を押し下げる。そんなねじれが起きている。

畜産と園芸から雇用が増える

コメと違って労働生産性を高めてきたのが、畜産と園芸だ。

労働生産性の向上に結び付きやすい雇用型経営が先んじて始まったのは、1960年代の畜産においてだった。続いて80年代になると、野菜や果樹、花卉などの園芸作物でも雇用型経営が増えていく。いずれも、経済が発展するにつれて、これらの農畜産物の需要が高まり、農家が規模の拡大を進めたからである。

高速道路といった交通網や、冷蔵や冷凍の所定の温度帯で商品を流通させる「コールドチェーン」の発達で、九州のような遠隔地にも大きな産地が生まれていった。ビニールハウスが普及したことで、収穫の期間が延び、常時雇用が増えたことも雇用の拡大に影響している。

園芸や畜産が盛んな北海道、関東、南九州という3地域は、労働生産性を高め、巨大な産地を形成してきた。零細な農家の多い小規模な産地は、こうした大産地に対抗できず、縮小していく流れにある。

農業の労働生産性は、需要があって高く売れる農畜産物を作れば上がっていく。需要が減り価格も下がるコメを作ると、下がってしまいやすい。

北海道が誇る高い労働生産性

ここからは、農業の労働生産性がもっとも高い北海道で、どのように生産性が高められているか簡単にみていこう。

北海道の農業の労働生産性は全国平均の2・7倍という高さを誇る。理由は、大規模で効率的な農業を実現しているから。そして畜産が盛んだからである。

畜産は、大規模化と効率化が最も進んだ農業分野である。なかでも酪農は目覚ましい。酪農家の戸数は、ピークだった63年、全国で41万7600戸に達した。それが2022年にわずか1万3300戸となっている。近年は年率3％台～4％台の減少を続けている。1戸当たりの雌牛の飼養頭数は全国平均が103・1頭で、EUのそれを上回っている。北海道だと152・2頭になる。

いまや酪農で一強の状態にある北海道は、1960年代に生乳の生産量で2割を占めるに過ぎなかった。腐敗しやすい生乳は、地元で生産から加工、販売までするのが基本だったからだ。

牛乳の一般にはなじみの薄い呼び方に「市乳」がある。英語の「city milk」を訳したもので、かつて市街地の近くで牛乳を生産したことにちなむ。

近代における酪農の興りは、明治時代に東京に居留する外国人を中心に牛乳や乳製品の需要が高まったことにある。当時など、都心の永田町に牧場があった。

シンガーソングライターである吉幾三《よしいくぞう》のヒット曲に「俺《お》ら東京さ行ぐだ」（1984

年）がある。何もない田舎に飽きた主人公が上京して成功してやると情熱的に歌い上げるなかで、「東京へ出だなら　銭《ゼニ》コア貯めで　東京で牛《ベコ》飼うだ」という一節がある。「俺らこんな村いやだ」と言いつつ田舎者の発想を捨てきれないところに、聴衆は思わず失笑してしまう。

　そんな主人公の事業構想は、時代が１００年ほど前なら、あながち的外れではなかった。明治初頭の１８７０年代以降、大臣や貴族が麻布や麹町、霞が関などに牧場を次々と作っていたからだ。時代が変われば、常識も変わるのである。

　北海道の酪農は従来、輸送の限界が足を引っ張っていた。状況を変えたのが、技術革新と物流の発展だった。生乳を低温管理することで保存がきくようになり、輸送の手段も発達したことで、遠くにある消費地まで牛乳や乳製品を供給できるようになった。かたや、都府県の酪農は衰退を続ける。その結果、生乳の生産量に占める北海道の割合は、２０２２年度に56・5％という高さに達した。

　北海道はいくつもの点で酪農の適地といえる。たとえば、牛乳は夏場に需要が高まるが、都府県では暑さによって乳牛にストレスがかかり、乳量が落ちてしまう。その点、

図表9　乳用牛の産出額の上位5市町村　2021年推計値

単位：億円

別海町（北海道）	633.9
中標津町（北海道）	240.1
那須塩原市（栃木県）	232.5
標茶町（北海道）	232.4
清水町（北海道）	162.0

出典：農林水産省「令和３年市町村別農業産出額（推計）」

冷涼な気候の北海道では、夏場も高い乳量を維持できる。また、都府県では農家が持つ土地が限られていて、広い牧草地を確保することが難しい。飼料を購入することになり、生産費がかさみがちだ。

「北海道は飼料の一部を自給できるという点でも適地になる。１００ヘクタールを超える畑と草地を持つ酪農経営体が珍しくなく、これらの集積と団地化を進めていけば伸びしろはまだある」

元東京大学経済学部准教授で公益財団法人・日本農業研究所研究員の矢《や》坂《さか》雅充《まさみつ》さんは、北海道の全国シェアが一層高まる可能性を指摘する。

なかでも道東は、生乳の生産量で全国の4割を占めるほど突出した存在になっている。乳用牛の部門で5位までに入る市町村は、3位の栃木県那須塩原市を例外として、すべて道東で占められている（図表9）。別海町は21年の農業産出額で全国3位の666・4億円を稼ぐ。

畜産のサプライチェーンは、コメや園芸作物に比べて複雑で長くなる。一部だけ挙げても、家畜の改良を担う家畜改良センターや人工授精師、蹄《ひづめ》を削る削蹄師、農家が休めるように作業を代行するヘルパー、獣医、飼料や乳業のメーカーなど、関係する人や組織が多岐にわたる。

北海道の酪農地帯は、農家を支えるサプライチェーンを整えている。なおかつ技術の向上に熱心な農家がいる。都府県に比べると、関係者の層が厚い。

北海道の乳牛1頭当たりの労働時間は、都府県より24％少ない。生産費も都府県より12％少なく、効率のいい経営をしている。

北海道の生産性の高さは酪農に限らない。農業の労働生産性は全国一であり、他県を引き離す。理由は広大な土地を生かし、稲作や畑作、酪農などで専業農家が大規模な経営をしているからだ。

もっぱら栽培されるのは、面積当たりの収益性が低く、機械化されている「土地利用型作物」。北海道の十勝地方に代表される畑作地帯でよく作付けされ、「畑作4品」と呼ばれる小麦、テンサイ、ジャガイモ、豆類がまさにそうだ。

農地の1枚が広く、まとまっていることも労働生産性を高めている。

その点、本州以南は農地1枚が狭いうえに、耕作する農地が飛び地のように分散しがちで効率が悪い。数十ヘクタールを生産する農業法人が田んぼを数百枚管理していることはザラにある。これでは、規模を拡大するほど単位当たりの生産費が減る「規模の経済」が働かない。

13の都府県より稼ぐ都城市

北海道は、都道府県における農業の雄である。では、市町村で農業でもっとも稼いでいるのは、どこだろうか。

答えは、宮崎県都城市。「ふるさと納税」の寄付額において、14年度以降、上位に名を連ねていることで知られる。22年度は195億9300万円で全市町村のなかで1位だった。

同市の農業の労働生産性は、全国平均の3倍を超える。農業産出額は、21年に901・5億円で全国一。ブタやウシの飼育が盛んな畜産の大産地で、農水省の推計によると、市町村別の農業産出額で同年まで3年連続1位につけている。

この金額は、徳島県（930億円）や沖縄県（922億円）の規模に近い。香川県（792億円）以上、沖縄県未満となる。660億円の神奈川県や643億円の山口県、19

6億円の東京都を大きく引き離す。同市は、なんと13の都府県よりも稼いでいる。

都道府県、市町村、個別の農業経営体……と、単位が小さくなるほど、労働生産性で突き抜けた存在が出てくる。

大泉さんは言う。

「1億円以上を稼ぐような大規模な農家だと、普通の農家の6倍くらい高い労働生産性を持つから、全産業の平均の2倍くらいの労働生産性は持っている。そうすると、農業はすでにりっぱな産業なんですよ。そういう農家を『機関車農家』として、日本各地で育てないといけないというのが、僕が１９９０年代から主張してきたことなんです」

機関車は、蒸気や電気などの動力を持ち、目的地に向かって自ら走ることができる。そして客車や貨車を何両も、場合によっては何十両も牽引する。

大泉さんは、「機関車農家論」として、経営を拡大する意欲が高く、地域のリーダーたりうる農家を「機関車農家」、拡大の意欲を持たないその他の農家を「客車農家」と定義した。そして機関車農家が客車農家を牽引する形で集団の規模を広げ、収益性の高い儲かる作物を導入し、地域の農業を振興する中心になるべきだとした。

3　愛知から大分に移住した「機関車農家」

「渥美半島の伝説」経営者が大分に進出

機関車農家と言われて私がパッと思いつくのは、「渥美半島の伝説」と呼ばれた人物である。大分県豊後大野市の3・5ヘクタールのハウスで菊を栽培する、農業法人・お花屋さんぶんご清川の代表取締役・小久保《こくぼ》恭一《きょういち》さんがその人だ。

3・5ヘクタールというのは、国内における菊の栽培で異例の広さ。軒の高いハウスが連なるさまは壮観だ。

愛知県の渥美半島といえば、儲かる農家が勢ぞろいしていることで知られる。同半島に位置する田原市と豊橋市は、とくに農業の生産性が高く、日本を代表する農業地帯である。その代表的な作物が、菊。

田原市で菊を生産していた小久保さんは、JAを介さずに菊を売りたい農家のための販売組織として、1998年にお花屋さんを設立した。いまや、お花屋さんグループの売上高は約21億円で、JAに属さない菊の生産者団体としては最大級だろう。

「渥美半島の伝説」小久保恭一さん

その市場戦略を一言でいえば「1対9」。日本では人口の1割が9割の富を握っている。だから、この1割を対象にした高品質な菊づくりで第一人者であり続ければ、負けることはないという考え方だ。小久保さんは「日本一高い菊を作っている」と自負している。

2004年、小久保さんは田原市の農場を息子に譲り、大分に移る。

それまで、お花屋さんに出荷する農家は13戸いて、グループの売上は6億円に達していたが、農家が愛知県内に偏っていたため、出荷できない端境期が生じていた。グループ外から菊を買い付けて出荷したところ、取引先から「いつもの菊と顔が違う」と指摘され、こう叱られたという。

「6億円というのは、ほかの県に行ったら、県の全域で生産する菊の総量に匹敵するような売上なんですよ。それだけの規模を持つ団体が、他人の菊を買って売るとは、どういうことですか」

この言葉にハッとさせられた小久保さんは、品質が一定のものを年間を通じて出荷しようと決意する。伝手を頼って、いくつかの県に農場を新設したいと打診した。

のれん分けで産地を形成

それに応じたのが大分県だった。清川村（現・豊後大野市）と共に、補助金も使って広大なハウスを建てられるよう、お花屋さんを受け入れる。さらに、菊を県の「戦略品目」に指定し、栽培する農家の規模を大きくしつつ産地を拡大すると決めた。

小久保さんは、愛知にいたころから後進の育成に熱心で、研修生を多数受け入れてきた。大分だけでも、これまでに9人を独立させている。機関車農家として、客車農家を育て、農業所得のさらなる向上という目的地に向かって彼らを牽引している。

彼らは独立後、豊後大野市内でおおむね0・8ヘクタールほどのハウスに入居している。大分県は、新規参入者の初期投資の負担を軽減するため、施設などの整備費を助成する「大規模リース団地」を整備してきた。彼らはこの事業を利用している。

菊はお花屋さんに出荷する。大分からの出荷の単位が大きくなったことで、輸送費は低く抑えられている。彼らの一部は、農薬や肥料、出荷箱といった資材を共同で購入しており、安く手に入れることができる。

夫婦2人に加え、3～5人ほどを周年雇用する規模で、彼らの年商は1経営体当たり平均5000万円ほどになる。従業員の人件費や経費を引いて、経営者の手元に残る収益の割合は、3割を目指す。現状は20～25％となっている。

小久保さんは言う。

「肥料や農薬が18～20％くらい値上がりした影響もある。でも、花のロス率さえ低くできれば、資材の高騰の影響もカバーできる」

1坪（3・3平方メートル）に植える菊の本数はおよそ130本。すべて出荷できれば理想だが、出荷の基準に満たないものがどうしてもできてしまう。出荷できない割合であるロス率を5％、つまり6本程度に抑え、植えた花を極力、換金できれば、収益率は高まる。

のれん分けにより、お花屋さんグループとして同市内で生産する規模は、13ヘクタール、7億円を売り上げるまで拡大した。この金額は、大分県内で生産されている菊の産出額の半分に当たる。小久保さんを核に、菊の産地が新たに形成されつつあるのだ。

最低賃金を30年代半ばまでに現状の1・5倍に引き上げる。政府のこの方針に焦りをみせる農家が多いなか、小久保さんは楽観的だ。

「菊1本の単価が50％上がるのは無理としても、1割は上がるんじゃないか。菊を含む花は、需給のバランスでいうと、生産者が減って供給量が下がってきている。その分、出荷の時期に波を作らず平準化できれば、ある程度の収益を確保できるはず」

小久保さんは、「これからは大分のような九州の高冷地が面白い」と断言する。過疎化が進み農家が減っているぶん、お花屋さんぶんご清川のように、広い敷地に施設を建てられる可能性がある。そして、新規参入の際に補助金を活用しやすいからだ。

「補助金ありきの農業は本来いけないことだと思うが、いま施設を建てようとすると、資材も建設のための費用も上がっている。新規で農業を始める人のためには、補助金はあってほしい。大分と愛知を比べると、大分の方が農家が少ないぶん、新規参入者への支援が手厚い」

もちろん、過疎地ならではの悩みもある。

深刻なのは、労働力の不足だ。菊の品質を高く保つには、どうしても人手が必要になる。外国人技能実習生を受け入れているが、それでも労働力は不足気味だ。

主に生産している一輪仕立ての輪菊は、脇芽を摘み取る「芽かき」にもっとも手間がかかる。その作業時間は全体の23％を占める。そこで、いくつもの花を咲かせ、芽かきの必要ないスプレー菊への切り替えも、一部で進めてきた。

目下、進行中なのが「芽かきロボット」の開発。ＡＩを使って菊の脇芽の位置を認識し、農場を自動で走って芽かきをする。３、４年での実用化を見込む。

行政が闇雲に予算を投じて農業を盛り立てようとするよりも、機関車農家を育てたり呼び込んだりする方が、はるかに効果が上がる。そういう農家が経営をしやすい環境を整えることこそが都道府県の仕事——。お花屋さんの大分への進出と拡大は、そのことが分かる好例だ。

コンプレックスから名誉を求めた農家

大泉さんは、こうした機関車農家を「農業経営者」とも呼ぶ。単に農作業をする人ではなく、農業を主体的に経営する人という意味だ。

大泉さんが農業経営者という言葉を積極的に使ったのは、1970年代の後半から主に東北を拠点として農業経営を研究するなかで、嫌々ながら農家という職業を選ぶ人の多さに危機感を持ったからだった。農家の子弟が農業の外に職を求める流れのなかで、家業を継がざるを得なかった農家の長男が「時代に取り残されてしまったというコンプレックス」を感じ、自尊心を保つのに苦労する。そんな状況があった。

「農村部で自我を確立する手法としては、農業委員会の委員になるか、農協の理事になるか、市町村議になるというように、選挙で選ばれる職業に就く方法があった。そうなった農家は、地域を大事にするという意識が結構強い。その地域の農政をどうするかという話になると、やっぱりコメは生産調整して農家を守れと言う」（大泉さん）

そうした「名誉職」に就いた農家は、「県や農協との付き合いに一生懸命である一方、農業経営は鳴かず飛ばずになりがち」。補助金を地域に引っ張ってくるという利益を誘導することに熱心な反面、自らが経営者として農業を盛り立てるという発想にはなりにくい。「保守本流というか、保護農政の本流みたいになってしまいやすい」のだ。

保護農政とは、補助金や高い関税、あるいは農産物の価格を意図的に高止まりさせる価格支持により農業を保護する政治を言う。収益性の低い農業を守るために始まりながら、現実には農業の労働生産性を低いままに保つという負の効果を発揮してきた。

その典型が、水田農業の足を引っ張るコメの生産調整である。地方で農家票を期待する政治家ほど、その順守を求める。米価が上がれば、選挙の際に農家から投票してもらえる可能性が高まるから。そこに農業を経営として捉える視点はない。

大泉さんは名誉職に就くことで地域の有力者になるよりも、「経営者として成功することで自尊心を取り戻せる」と考えた。しかもそれは同時に、地域の農業を振興することにもなる。

「地域で農業をやるためには何が必要なのかといったら、補助金ではなくて、しっかりした経営者が必要だ」

これが大泉さんの変わらぬ主張である。

4　人手不足とは無縁の新規参入キュウリ農家

同業者の倍近い従業員をあえて雇う

高知県には40歳の若さで独自の販路を築き上げ、後進の育成まで手掛ける突き抜けた農家がいる。約1ヘクタールでキュウリを栽培する株式会社下村青果商会（南国市）取締役の下村晃廣《しもむらあきひろ》さんだ。周囲の農家を牽引する機関車農家と言っていいだろう。

データを駆使した効率的な栽培で、全国で最高水準の高い収量をたたき出す。同社に就職すれば、独立に向けたノウハウを吸収できるとあって、地元の若者を惹きつけている。

1ヘクタールのキュウリを栽培するのに雇う従業員は20人。

「面積当たりで同業者の1・5～2倍くらい雇っている。人が多過ぎるんですけど、それでも給料が払える経営をしているので」

下村さんはこう話す。人を雇い過ぎていると聞くと経営に厳密さがないのかと勘違いしそうだが、そうではない。再生産を可能にするため、収量の向上や取引価格の安定、設備投資の経費削減に心血を注ぐ。

10アール当たりの年間の収量は35トン。暑い夏場に栽培しないことを勘案すると、「全国トップクラス」（下村さん）だ。10アール当たりの売上額は1300万円超で、こちらも最高水準という。

実家が農家ではない下村さんは、「起業のツールとして農業に魅力を感じ」、2008

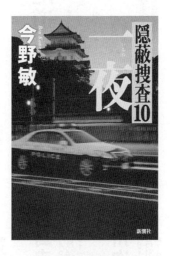

●著者名左の数字は、書名コードとチェック・デジットです。ISBNの出版社コードは978-4-10です。

新潮社　住所／〒162-8711 東京都新宿区矢来町71　電話／03・3266・5111

新潮社
ホームページ

ドラマ化決定！〈NHK BSプレミアム4K〉

広重ぶるう

【新田次郎文学賞受賞】

梶よう子

武家の出自ながらも絵師を志し、北斎と張り合い、やがて日本を代表する〈名所絵師〉となった広重の、涙と人情と意地の人生。

●935円 120955-5

アンソーシャル ディスタンス

【谷崎潤一郎賞受賞】

金原ひとみ

整形、不倫、アルコール、激辛料理……。絶望の果てに摑んだ「希望」に縋り、疾走する女性たちの人生を描く、鮮烈な短編集。

●781円 131335-1

川端賞受賞作「マジックミラー」併録

オーバーヒート

千葉雅也

売

104162-9

沈没船博士、海の底で歴史の謎を追う

山舩晃太郎

世界を股にかけての大冒険！ 新進気鋭の水中考古学者による、笑いと感動の発掘エッセイ。丸山ゴンザレスさんとの対談も特別収録。

●649円 104931-1

名前で呼ばれたこともなかったから

―奈良少年刑務所詩集―

寮美千子編

「詩」が彼らの心の扉を開いた時、出てきたのは宝石のような言葉だった。少年刑務所の受刑者が綴った奇跡の詩集、待望の第二弾！

●649円 135242-8

「ダメ女」たちの

キュウリ農家の下村晃廣さん

年に25歳で新規就農した。農家の平均年齢は高く、その数は減っていく。ジリ貧扱いされる農業が規模の拡大を目指す人間にとって競合相手の少ない「ブルーオーシャン」になり得ると確信していた。就農して以来、「儲かる農業」を実践している。

下村青果商会の販売方法は、一般的な卸売市場を経由した流通ではなく、量販店や加工業者向けに全量を契約栽培している。キュウリは豊凶の差が出やすく貯蔵できないので、相場が大きく変動する。その乱高下に巻き込まれていては再生産がおぼつかないと、自分で値決めできる契約栽培を選んだ。

設備投資に関しては経費の削減を徹底する。ハウスを新設した際は、必要最小限の仕様にすべく、クギ一本に至るまで下村さん自ら指定した。設備も最低限にして費用を抑える一方、ハウスに多くの光を取り込んで作物の光合成を促進することは「給料が増えるのと同じ」（下村さん）だと強くこだわる。

ハウスには光が均一に入りやすいフィルムを使い、影を少しでも減らすため、骨材の間隔を通常より空けている。地面を覆うマルチシートを白色にし、反射光も光合成に生かす。秋から冬は日射量が減るため、11月になるとフィルムの汚れを洗浄して少しでも光が入るようにする。

同社の技術力と収益性の高さは有名で、視察や、同業者からのコンサルティングの依頼が多い。

給料をもらいながら勉強ができる

だが、雇用となるとにわかに鷹揚になる。高知では夏の3カ月間、暑いうえに相場が下がるためキュウリを栽培しない。

従業員にとって夏の3カ月は「会社から給料をもらって勉強する」期間だ。作業がなくても毎日出社してもらう。

「よくやってもらうのは、近くにある高知大学の図書館の本を読んでレポートを書くということ。独立を希望している従業員も多いので、農業に限らず簿記や経営などの内容でも構いません。これは勤務としてやってもらっています」

YouTubeで栽培技術の参考になるような農業系の動画を見て勉強してもらうこともある。それだけ手の空く期間があるなら季節雇用にする手もありそうだが、下村さんは全員の周年雇用にこだわる。理由は「高知県は農業以外にこれといった産業がなく」、自らが農業を営む理由を「雇用をつくるため」だと考えているから。

「高い給料を夏も含めて払える程度に利益を確保しているという言い方もできますね」

面積当たりの従業員数が多いのは、周年雇用だけが理由ではない。「将来、独立して農業をしたい人を積極的に雇用し、技術や販売などの面でサポートしている」からでもある。

23年8月には、従業員だった1人がすぐ近くの空いたハウスに居抜きで入り独立した。いまいる従業員のうち3人が独立志望者だ。

「栽培技術はうちで学んだことを継承してもらって、販路については同じ契約栽培のグループに入ってもらう見込み」

人材育成をして独立させることは、従業員と同社の双方に利点がある。従業員にとっては給料をもらいながら独立の準備ができ、独立後に売り先に困る心配がなくなる。同社にとっては後進の育成になると同時に、取引先と契約できる量を安定して確保できるようになる。

「独立就農はある意味ライバルが増えることになるので、そうさせたくない、自社で人材を囲っておきたいという考え方もあるでしょう。それでは視野が狭いと思いますね」

こう語る下村さんは、どこまでも攻めの姿勢を貫く。

給料の設定も攻めている。「農業法人としては、給料の平均がおそらく高知県一」なのだ。直近で募集した幹部候補生の基本給は20万円。農業法人の新人に限らない給与の全国平均は17万円なので、待遇はいい。

なお、南国市職員の初任給は高卒で14万6００円、大卒で16万2１００円である（22年4月時点）。賞与もあるので単純に比較できないが、いずれにしても22年度の最低賃金が全国最下位の８５３円である高知県にあって、同社の待遇はいい。

「必然的に人が集まってきやすいですよね」

待遇の良さもあってか「独立志望者以外は基本的に辞めない」。従業員の独立就農に伴って求人を出すとすぐ応募があるので、人手不足とは無縁だ。

「戦略的M&A」で規模の拡大を狙う

下村さんは23年、大きな決断をした。県外の異業種企業に対し、M&A（合併・買収）による株式譲渡をしたのだ。新規就農した当初から「日本一のキュウリの生産企業になる」と決めていた。就農時と比べてすでに5倍の面積まで拡大したものの、さらなる拡張に難しさも感じるようになっていた。

「自己資本だけで規模を大きくしていくのは限界がある。信用力や資本力が大きい資本の傘下に入れば、すぐさま事業の規模を2、3倍に拡大することができる。将来的に10倍といった桁違いのスケールの事業ができるのが、魅力ですね」

従業員の雇用を維持、拡大するという自らに課した責任を果たすためにもM&Aが必要だと判断した。

M&Aに伴って代表の立場からは退いたが、同社は引き続き下村さんが確立したビジネスモデルの下で経営を行う。下村さんと新代表は、生産量や売上を引き続き伸ばすことで一致している。

資本提携した相手は、岡山県内で焼却・水処理施設の維持管理や修繕工事を営む西日本設備管理株式会社（岡山市）だ。同社は事業拡大のなかで農業に参入しており、シナジー（相乗効果）に期待して下村青果商会との提携を決めた。

「近く高知県内で栽培面積を2ヘクタール増やして既存のハウスと合わせて3ヘクタールにする計画があります。ゆくゆくは県外での横展開に期待しています」（下村さん）

農業は異業種と比べM&Aが活発ではない。あっても、経営不振の企業に資本参加して経営の救済を目指す「救済型M&A」が多かった。

下村さんは「M&Aの仲介を依頼したコンサルタントから『農業のM&Aは、引退するから、あるいは倒産しそうだから吸収してほしいというパターンがほとんど。こんなに戦略的に成長を目指したM&Aは日本で初めてじゃないか』と言われた」と話す。

高知県という労働力を確保するうえで恵まれているとは言えない立地にありながら、若者を惹きつける。そんな下村青果商会のビジネスモデルは、日本の野菜の生産を持続可能にするうえで参考になる。

全国的に野菜の生産現場における人手不足は深刻だ。その解決のために外国から労働力を受け入れており、22年には農業分野で4万3562人に達している。農業関係で外国人技能実習生の受け入れがとくに多いのは茨城、熊本、北海道、千葉といった野菜の大産地である。

外国人技能実習制度は農業に従事する外国人労働者の実に7割を集める。ところが23年5月、政府の有識者会議が同制度の廃止を求める中間報告書を法務大臣に提出した。廃止されれば、産地は今まで以上の人手不足に陥りかねない。

不足を補うもう一つの手段として期待が集まるのが、ロボット。国内では複数のスタートアップがキュウリの収穫ロボットを開発中だ。ただし、社会実装されるにはまだ時間がかかる。

現時点で労働力不足を解決する特効薬はない。従業員の待遇を改善し、魅力的な職場を作る。農業でバリバリ稼ぐ姿を見せて「自分も」と思う若者を増やす。そんな下村さんの戦略こそが、長い目で見て最も有力な解決策なのだ。

従業員に高い給料を払う。そのために利益を確保する。利益を確保するには、栽培の効率を高めると同時に再生産可能な販売単価を実現する——。下村さんはこんなふうに逆算し、ビジネスモデルを築いてきた。

データ農業で効率を極める

この方法論を支えるのが、栽培における技術の高さだ。下村さんは、農業の外から参入したというのに、どうやって身につけたのだろうか。

就農するに当たって技術を学んだ師匠は、コメやシイタケを生産する農家だった。農業全般に使える基本的な技術は習得できたものの、キュウリの栽培はまったく学ばなかった。

「技術の研鑽をどうやったかというと、ここから車で5分とかからないところに高知県農業技術センターがあるんです。いかにデータを取りながら環境を制御して栽培するか研究し、高い収量を出していました。その先端技術を学んでまねしたことが、いまの栽培技術の基礎になっています」

高知県は、データを取得、活用する「データ農業」の普及が全国で最も進んでいる。農業技術の開発と普及を行う同センターは、その一翼を担ってきた。下村さんはその最新の技術を吸収し、実践に移してきたのだ。

農業は熟練した農家が「経験と勘」に基づいて優れた農産物を作るという、「習うより慣れろ」の職人芸の世界だと思われがちだ。だが現実には、細かにデータを収集して正確に使いこなせば、農産物の品質も収量も高めることができる。
高知県は他県に先駆けてこのことに気付き、下村さんという機関車農家の出てくる素地を作った。

5　高知が「園芸のコスパ日本一」の理由

農地が狭いからこその工夫

高知県は、84％を森林が占め、農地が少ない。それだけに、狭い面積で農業所得を向上させる工夫を重ねてきた。園芸における面積当たりの農業産出額で、2位以下の都道府県に圧倒的な差をつける。

「県全体の面積でいうと全都道府県のうち18位。けれど、農地の面積でいうと42位。平地が少なくて狭い面積で飯を食わないといけないから、生産の効率を上げるしかないと、とくに施設園芸でいろいろな品目を産地化してきたんです」

高知県農業振興部ＩｏＰ推進監の岡林俊宏《おかばやしとしひろ》さんはこう話す。

施設園芸とは、ハウスや温室といった施設のなかで環境を制御しながら作物を栽培することをいう。労働力を多く必要とする一方で、狭い面積で高い収益を挙げることができる。

同県の農地は全国の農地のわずか0・6％に過ぎない。それでも、全国一の生産量を誇る品目が多い。ニラやナス、ショウガ、シシトウ、ミョウガなどがそうだ。キュウリやピーマンなども全国有数の生産量を誇る。温暖な気候を生かし、ビニールハウスを使った野菜や花卉の栽培が盛んで、「園芸王国」と呼ばれる。

農家の所得は、次のように求められる。

（反収×面積×単価）－経費＝所得

農地が広ければ、面積を増やすことで収益を大きくできる。しかし、その農地が限られている。経費の削減も大切だが、岡林さんは「経費を10％や20％削減したとしても、所得が10％、20％伸びるわけではありません。ですから多少経費をかけても、反収を上げる方が所得向上になるという発想で、これまで取り組みを進めてきています」と語る。

同県は、より単価の高い品目で反収を追求するという戦略を取る。

「コメではなかなか食えないので野菜が主なんですけど、野菜のなかでもキャベツやニンジン、白菜といったメジャーな品目は土地利用型で、面積が必要な一方で単価が安いんです。なので、手間がかかる果菜類といった他の県があまり作っていない品目に特化しています」

園芸の面積当たりの生産効率で都道府県を比較すると、2020年は1位高知、2位山梨、3位愛知の順だった。高知県の1ヘクタール当たり産出額は638万円で、2位の山梨県の1・4倍になる。

「高知は断トツなんですね。これは当然と言えば当然で、面積が狭いところで稼がないといけないから、『選択と集中』で、より集約的な施設園芸に特化した結果です。背水の陣で、高知の農業の強みが生まれたんです」（岡林さん）

この選択と集中は、世界第二の農産物輸出国であるオランダにも通じる。オランダは、トマトとパプリカ、キュウリの3品目にとくに強みを持つ。施設園芸作物の栽培面積の実に8割で3品目を生産し、輸出する。

その点、高知も生産した野菜を県外に「輸出」している。高知とオランダには、共通点が多い。

オランダに学んだデータに基づく環境制御

生産性に優れている高知県ではあるが、現状に満足していない。

「日本一だと自慢していたら、高知よりオランダの方がずっと収量は高かった。それで、オランダに学んできたんですね」（岡林さん）

オランダとの交流は半世紀ほども続いている。近年、改めて施設園芸における交流が深まったのは、09年に同県がウェストラント市と「友好園芸農業協定」を結んだことがきっかけだった。同市はオランダで最も施設園芸が盛んで、パプリカやトマト、ナスといった野菜や花卉などの産地だ。

当時、キュウリとナス、トマトの反収を比べると、オランダは高知の2～4倍に達していた。「どうしてこんなに違うのか」という疑問の答えが、データの活用だった。

「高知ではハウスの中に温度計しかなく、しかも温度計を見ずに体感で、経験と勘に頼って温度を調節している状況でした。それが、25年くらい前に訪れたオランダの農場ではホワイトボードに温度、湿度、炭酸ガス濃度などをこと細かに記録して、農家どうしが毎週集まって議論していたんです。作物は光合成で育つから、それに影響する数値を全部測って、データに基づく最適な管理を徹底していました」

　視察先で効果を目の当たりにした岡林さんたちは、データを取得して環境を制御する実証実験を農家の協力を得て13年から開始した。その結果、どの品目でも収量が１〜２割、最大で４割も増加する。篤農家でも収量が大幅に伸びたことに、岡林さんは衝撃を受けたという。

「どの品目も、日本一を極めた収量に行きついていたので、農家自身もいまのハウスのスペックじゃこれ以上はとれないと思っていたし、この技術を普及させる僕らも、そんなに簡単に収量を伸ばせるわけがないと思っていたんです。ところが、ちゃんと環境をモニタリングして厳寒期に炭酸ガスの発生装置で適切な量のCO_2を加えてみたら、すぐ２割くらい収量が上がった。これほどまでの成果を出せた技術は過去にありませんでした」

　炭酸ガス、つまりCO_2（二酸化炭素）は、植物の光合成を促進する。とくに冬場になると、ビニールハウスは保温のために閉め切られがち。そうなるとCO_2が不足し、収量が落ちてしまう。CO_2の発生装置を使えば、収量の下落に歯止めをかけることができる。

早速、すべての農家に普及させようという運びになり、施設内で環境データを測定する装置と炭酸ガスを発生させる装置の普及を進めた。その結果、県内では「すでに全国一、データ農業が普及している」。

県の主要7品目（ナス、ピーマン、トマト、シシトウ、キュウリ、ミョウガ、ニラ）だと、栽培面積で6割を占める1500戸の農家が両装置を導入している。

ここで、農業におけるデータがどのようなものか、簡単に整理したい。データは、「21世紀の石油」とも呼ばれ、事業の成否を握る重要な資源となっている。農業においても、価値を生み出す源泉となる。

農業のデータは三つある。環境と管理、生体に関するものだ。

環境のデータは、雨量や日射量、温度、湿度などの作物を取り巻く環境に関するもの。管理のデータは、農薬や肥料をまいた時期や量、種類など、人がどんな農作業をしたかに関するもの。生体のデータは、葉の面積や光合成の量、糖度など、作物の生育状態に関するものである。

三つのデータを結び付ければ、生産を効率的に行えるのはもちろん、流通や販売まで有利に進められる可能性がある。そうなれば、農畜産物の生産から消費までの工程で、付加価値を連鎖させる「フード・バリュー・チェーン」が構築できるかもしれない。

農業は、食産業の一部である。にもかかわらず、消費の現場が生み出す価値の多くを取りこぼしてしまっている。農業産出額が９兆円弱であるのに対し、食品産業は約90兆円の市場を持つ。フード・バリュー・チェーンの構築こそが、農業の衰退を止めるカギになる。

「植物のインターネット」で全体を底上げ

同県がさらに生産性を向上する切り札とみなすのが、「ＩｏＰ」という概念である。「Internet of Plants」の略で、さまざまなものがインターネットに接続され情報をやりとりできる「モノのインターネット（ＩｏＴ／Internet of Things）」ならぬ、「植物（Plant）のインターネット」というわけだ。

ＩｏＰが生まれた背景には、せっかくデータ農業が普及したのに、個々のデータがぶつ切りになったままで、集約されにくいという課題があった。環境データを取得したり、炭酸ガスを発生させたりする装置は、さまざまなメーカーが製造する。そのため、農家どうし、あるいは農家と県やＪＡといった指導に当たる機関との間で、データを共有しにくかった。

「県内では農家どうしで成功例や失敗例を共有しようという意識が高いのですが、使う機器がまちまちで、うまくいっている人の情報を共有しづらいところがありました。そこで、県で『ＩｏＰクラウド』という『データ連携基盤』を作ってデータを一元化して集め、農家にフィードバックすることにしたんです」（岡林さん）

ＩｏＰクラウドを利用した営農支援システムを「SAWACHI（サワチ）」と名付け、22年9月に本格的に稼働させた。県内の農家は無料で使うことができる。

その名前は、高知の郷土料理・皿鉢《さわち》料理にちなむ。大皿に盛り合わせた豪勢な料理を皆で囲み、好きなように食べる。自由を重んじる高知ならではとされる。そんな料理のイメージを、個々の農家がほしい情報をほしいときに自由に使える営農支援システムと、重ね合わせた。

行政主導でメーカーの垣根を越える

現在、ＩｏＰクラウドはメーカー12社の機器からハウス内の環境データを取り込める。

「ほかのメーカーの機器ともデータ連携するということは、特定のメーカーが主体ではなかなかできません。行政が主体になっていることで、メーカーの垣根を越えた連携ができるのは強みですね」（岡林さん）

また、ＪＡの情報処理を担う電算センターとも連携し、農家の出荷に関するデータも把握する。

現在、ハウス内のセンサーやカメラがクラウドとつながっている農家が４７０戸で、23年度中に６００戸まで増やすという目標を掲げる。出荷のデータを取得する対象はおよそ２５００戸ある。

クラウド上には、県内２３０カ所をカバーする詳細な気象データや全国の市況、一部の農家の生産履歴や労務管理のデータも集積されている。

「クラウドではハウスの実際の制御までは行いません。制御を担うのは農家自身で、クラウドは制御に必要な有益な情報を提供するんです。自分のスマホなどでデータを見られる状態にしている農家は増え続けていて、９５０戸に達しています」（岡林さん）

サワチの画面を開くと、自分のハウスの温度や湿度、CO_2濃度、日射量の現状や推移などの情報をどこにいても確認できる。ハウスの機器やシステムに異常があればアラートを鳴らして知らせる機能もある。日々の出荷情報が等級別に表示され、自分の出荷量や品質が県内で何位なのかも知ることができる。

病害虫の発生の予察や栽培管理のポイントなど、時宜を得た情報も配信する。農家どうしで同意があれば、互いのデータを閲覧し、切磋琢磨していくことも可能だ。

「はまっている人は、毎日のようにさまざまな情報をチェックしています。『毎日のペースメーカーだと思っている』という農家からの声をもらったときは、それはうれしかったですね」と岡林さんは言う。

使用する農家は増えている一方、すべての農家が自分でデータを扱えるようになるわけではない。

「若い人は自分のデータをスマホで見ていますけど、なかなか全員がそうはいかないので。そこは県やＪＡの営農を指導する体制でフォローしています」（岡林さん）

熱心な農家ほどデータの収集と活用の重要性を理解し、サワチを使う一方で、そうではない農家にも使ってもらう試みをしている。場所は、キュウリの県内最大の産地である春野だ。

「データ農業なんてやらんでもいいわ」という感じの人にも、データをとってみてほしい――。こう考えて、JA高知県（高知市）の春野キュウリ部会で25台センサーを購入し、導入してもらった。導入した農家の7割で、収量が10％伸びるという結果になった。

「同じ部会でも、収量が高い人と低い人では、その推移が全然違います。低収量の人は、これでは飯が食えない状況で、なんとしても高収量の状態まで持っていきたい」

底上げに必要なのが、特定の日の特定の時間だけを比べず、さまざまなポイントごとに比較して改善していくことだ。たとえばキュウリは、10月に定植して翌年の夏まで収穫する。

「どこか1日だけ比較して改善しても、結果は出ないわけです。定植から収穫を終える最後まで、毎日の管理をデータに基づいて常に改善していかないと、高い収量は達成できません。1回データを見て終わり、1回指導して終わりじゃなく、朝は朝のデータに基づいて改善し、夜は夜のデータに基づいて改善することを、日々繰り返す必要があります」

こう説明する岡林さんは、これまで環境データに基づいた営農で収量を1～2割伸ばせたのを、IoPでさらに1～2割伸ばせると期待している。自前のデータだけでなく、ほかの農家とも情報を共有できるようになったからだ。

また、最高水準の農家であっても、農業所得をより高められる点が見つかるはずだという。

「ＩｏＰでさまざまな知見を得て高め合えれば、収量をさらに10％、20％と伸ばしていけるはずです」

こう言葉に力を込めた。

費用対効果も「見える化」に向かう

ＩｏＰクラウドは、同県の農業に対する研究や技術開発のあり方を変えつつある。

農業技術の開発と普及を担うのが、県農業技術センターだ。所長の高橋昭彦《たかはしあきひこ》さんはこう変化を語る。

「以前は研究課題というと、栽培技術の確立が多かったんです。それが最近では、いまある技術をサワチにどう搭載して農家にサービスしていくかという観点に基づく課題が、主になってきています」

たとえば、病害虫の発生を予察する精度を上げる研究に取り組んでいるという。

同県は、作物の光合成や蒸散の量といった生体データを可視化するＡＩを使ったシステムを「世界で初めて」開発し、得られた情報を農家に提供している。施設や作物の「見える化」が進み、その次を考えるようになったと高橋さんは話す。

「もともと見える化するのが研究課題でしたが、見える化が実現したことで、情報をどうやって農家が使えるように生かしていくかに問題意識が移ってきています。最終的には100人の農家がいたら、100通りの対処法を提示することになるのかな」

かつての営農指導は、皆で一律にこの収量を目指しましょうというものだった。それが、個々の農家の実力や資金力に応じた増収や経費節減の方法を、IoPクラウドで示すことになるかもしれないと予想する。

「たとえば作物の光合成の量が低下してきたら、センターから『今の条件なら、CO_2濃度を上げたら光合成が進みますよ。その効果は、でんぷんの生産量で言えばこれだけになります』と伝える。CO_2濃度を上げるには、発生装置を動かすぶんコストがかかりますので、最終的に費用対効果まで示せるようにならないといけないと思いますね」（高橋さん）

増収を目指す農家には増収のためのアドバイスを、逆に労働力が確保できず増収しても収穫しきれないので困るという農家には作業の負担を減らす省力化の技術を伝える。

そういう個々の状況に合わせた最適化が実現するかもしれない。

生産性が高ければ財政効率も高い

高知県がとくに強みを持つのが、土地生産性である。これは、農業に対して使われる生産性の概念で、面積当たりで生み出す価値を指す。

北海道と比べて農地が狭小な都府県では、戦前から戦後まで長らく、土地生産性の向上に力点を置いてきた。零細な農家が多く、農村にある意味過剰な労働力があったため、狭い農地に多くの肥料と労働力を投入する「多肥」「多労」の農業を行っていた。

農業でも労働生産性が重視されるようになったのは、高度経済成長の進展が影響している。都市部を中心に商工業が栄え、農村の過剰な労働力がこれらの業種での雇用によって吸収されていく。稲作を中心に農作業の機械化が進み、畜産や園芸で雇用型経営が増え、労働生産性が向上していった。

北海道を例外として、労働生産性の高い都府県は、概して土地生産性も高い（図表8、138頁）。

北海道が例外なのは、土地の広さを生かした農業をしているから。それだけに、土地生産性は極めて低く、米どころの福井、富山とともに最下位集団を形成する。酪農にしても、広大な牧草地を持つ農家が多いので、酪農の代表的な産地の土地生産性は、全国平均を下回る。

二つの生産性がそろって高いのは、畜産の盛んな九州の鹿児島、宮崎、そして関東の群馬、千葉、茨城など。逆に二つそろって低いのは、中山間地域の多い山口や、米どころの福井、富山、石川など。

二つの生産性と財政効率の高低は、重なる部分が多い。とくに上位集団と下位集団は、共通している。財政出動が伴わなくても、生産性の高い県の農業はひとりでに伸びていく。逆に生産性が低い県は、予算を多少投じても何ともならないということでもある。

二つの生産性を高めるに当たって障害となるのが、農地がまとまっておらず、作業の効率が悪いということだ。このことが、農業を産業として自立させるうえで、足を引っ張っている。続く第５章で取り上げたい。

第5章　農地の集積――農業における最大の課題

1　儲からないコメが多くて集積進む富山・石川・福井

「農家は減って当たり前」

赤坂の喫茶店。首相官邸や国会、議員会館から徒歩10分程度の距離なので、その人にとってホームグラウンドのような場所だろうか。

髪は七三分け。その下に銀色の細ぶちの眼鏡をかけていた。研ぎ澄まされた顔をしている。いくらか緊張してしまい、取材をざっくりした質問から始めてしまった。農水省は本当にいろんな統計を取っていますね、と。

統計の情報をいかに現実の政策に反映させるかに血道を上げてきた人物だけに、返ってきた答えの意外さに驚かされた。

「農林業センサスは5年ごとにかなり詳しくデータを取っていますが、それを政策に役立つように分析しているかということの方が、私は問題だと思います。たとえば、農水省の資料では『農家の数が減っている』ということ自体が、さも大変であるかのように真っ先に出てくるじゃないですか。だけど、農業の生産性の向上を考えたら、農家の数が減ることは決して悪いことではないはずです。日本農業の問題点は、生産性が低いことにあるのですから」

農水省の公式見解をのっけからバッサリ斬り捨てたのは、奥原正明《おくはらまさあき》さん。農水省で改革派の剛腕と評判だった。農協改革を断行し、事務方トップの事務次官を2018年まで務め、安倍政権の「攻めの農業」を牽引した人物である。

農業の課題と言えば、農家の減少を思い浮かべる人が多い。奥原さんは、そんな大多数の考え方を真っ向から否定する。

「高齢化が進んでいる以上、農家は減って当たり前ですし、それは農業の生産性を向上させるチャンスです。農家が高齢化するほどに出てくる農地を、農業を一生懸命やる法人や大規模な家族経営に、いかに円滑に渡していくか。これが政策的な課題」

なかなかきつい言葉だ。だが、言うことはもっともである。

零細な農家が多いために、意欲のある農家が規模を拡大しにくい。このことが、農業を儲かりにくくしている要因だからだ。

なにしろ、国の法律からして、農家が減ることを前提としている。それは、農政の基本理念や政策の方向性を示す「食料・農業・農村基本法」だ。経営の規模を大きくして効率化を進めること、つまり農家を減らすことを標榜している。

1経営体当たりの生産性が上がれば、農家が減っても全体の生産量は維持されるので問題ない。零細な農家が離農せず、生産性が向上しないことの方が大きな問題なのだ。だから、むしろ問題になるのは、経営を拡大する意欲を持つ農家に農地が集まらないこと。農政でいうところの「農地の流動化」が進まないこと——である。農地の流動化は、農家の間で農地の売買や賃借がなされ、その所有者や利用者が変わることをいう。

たとえば製造業で工場を建設する場合、原料を運び込んでから製品を出荷するまでの工程を、一つの敷地内で済ませられるようにするのが理想だろう。作業によって、敷地の離れた別の工場に運び込まなくてはならないようでは、時間や輸送費が余計にかかって効率が悪い。

ところが、そうはいかないのが農業だ。理想は、所有する農地がすべてつながっていることだが、そんな好条件の農家にはまずお目にかからない。自身で所有する農地からして飛び地のように点在することが多く、借地となればなおさらだ。小さな農地があちこちに分散し、他人の農地と錯綜している。こんな状態では、規模を拡大しても効率が上がりにくい。作業の時間に比べて、農機や作業者を移動させる時間がかかり過ぎる。

農地の流動化がもし実現すれば、やる気のある農家は、ある程度まとまった農地を確保できる可能性が出てくる。生産性は上がるはずだ。それだけに、長年にわたって農政が解決すべき課題と位置づけられてきたものの、進展してこなかった。

農家が農地を手放したがらなかったのには、大きく次の二つの理由がある。兼業農家になって、本業の傍ら細々と農業を続ける農家が多かったから。そして、公共事業や商業施設に転用されると価値の跳ね上がる農地を、家の財産である「家産」として持つ意識が強かったから。

「農家は、先祖代々の土地とか言うんです。しかし、代々って、いつからですかと。戦後の農地改革からじゃないですか」

奥原さんはこう言って苦笑する。

農地改革は１９４６〜50年、ＧＨＱ（連合国軍最高司令官総司令部）の指導のもと、地主制度の解体を目指して実行された。農地を借りて高い小作料を払ってきた小作農を減らし、自作農を増やす。そのために、地主の農地およそ200万ヘクタールを国が買い上げ、小作農に売り渡した。

2020年の農林業センサスによると、経営耕地面積は300万ヘクタール強である。単純計算すると、およそ3分の2は、農地解放によって現在の所有者の祖先が所有するようになったに過ぎない。せいぜい70年強しか所有の歴史がないのだ。

「農地改革というのは、日本の農業を徹底的に弱いものにした元凶なんです。もちろん、民主化の一環ではあるんだけれど、零細な自作農を多数作り出すことで、非常に生産性の低い農業の構造を作っちゃったんですよね」(奥原さん)

戦前の日本における農業の問題には、小作農が多いことに加え、農家が零細で効率が悪いことがあった。農地改革は前者の問題を解決した。その反面、零細な農家を増やし、戦前からの非効率な農業の構造を固定してしまった。そんな負の影響がいまだに尾を引いている。

農地の集積が遅々として進まなかった状況を打開すべく、「農地バンク制度」が14年から本格的に運用されている。主導したのは、奥原さんが当時局長を務めていた農地制度を担当する農水省経営局だった。都道府県の第三セクターとして、農地の賃貸借を仲介する「農地中間管理機構」を設置した。

農地の所有者は、耕作することが難しくなった農地を登録し、農地を借りたい農家や新規就農者などにその情報を共有し、貸借を促す。目的は農地が分散している状況を改め、担い手と呼ばれる地域の中核となる農家に農地を集積することだった。

設立時の14年に担い手に集積されていた農地は、５割に過ぎなかった。それを23年度までに８割に高めるという野心的な目標を掲げた。現実には22年度に59・５％にとどまり、達成は不可能である。

集積の足を引っ張る最大の原因は、農家が農地の転用に向ける期待である。

ＴＳＭＣの進出に沸く熊本

世界最大の半導体メーカー、ＴＳＭＣが熊本の田園地帯に進出する。キャベツやサトイモが植えられた畑の向こうにそびえたつ巨大な工場。なんだか現実感の伴わない光景に、少なくない周辺の農家が胸を高鳴らせているはずだ。うちの農地が売れるかもしれないと。

半導体はパソコンやスマートフォン、自動車、ロボットなど、さまざまなデジタル機器に使われる電子部品だ。その重要性から「産業のコメ」と言われる。

ＴＳＭＣは半導体の受託生産で、世界最大手である。アップルをはじめ、世界の数百社と取引している。その誘致は日本にとって一大国家プロジェクトで、経済産業省が実に４７６０億円を補助するとしている。

ＴＳＭＣの進出が熊本県内にもたらす経済効果は、10年で７兆円近くに上るとする試算もある。

農地の転用は、農家にとって宝くじのようなものだ。農地の固定資産税は宅地に比べて安いので、農地を維持する元手は微々たるもの。もし転用されれば、農地の価値は軽く10倍以上に跳ね上がる。

いままさに「宝くじ」に当たったって大騒ぎしているのが、熊本だ。

震源は、菊陽町で建設が進み、24年の稼働を見込むＴＳＭＣの工場。関連企業も続々と進出を決めていて、周辺では地価が急騰している。工場や宅地の用地は足りていない。そこで目を付けられたのが農地だった。

農地の転用は、建前としては厳しく規制されることになっている。だが現実には、その可否は市町村に置かれた農業委員会のさじ加減次第である。

だから同県は、市町村に農地の転用を促すため、県庁の部局を横断して助言や調整を担う「半導体拠点推進調整会議」を設けた。設置に伴うあいさつで、同県の蒲島郁夫《かばしまいくお》知事は、「１００年に一度のビッグチャンスであるＴＳＭＣの進出効果を最大化できるよう、部局横断の市町村支援をお願いしたい」と話した。県内への経済波及効果を最大にするために、必要とあらば農地をどんどん転用せよと言っているに等しい。

蒲島知事は、知事としては農業に理解のある方だ。彼はそもそも出身地である稲田村（現・山鹿市）の農協職員だった。牧場主になりたいという夢を抱いて渡米し、ネブラスカ大学で畜産学を学んだ。その後、ハーバード大学で政治経済学の博士号を取り、東京大学法学部教授を経て知事に転身した異色の経歴を持つ。

加えて、熊本は国内で有数の農業県である。農業産出額は全国５位で、労働生産性や土地生産性でも全国平均を上回る。そんな熊本であっても、ＴＳＭＣの進出という特需を前に、農業の振興という大義は吹き飛ばされてしまう。ハーバード大学で政治経済学を学んだ果てに、農地を潰して転用せよという方針になるのは、なんとも哀しい。

奥原さんは言う。

「熊本なんか、半導体工場ができて、地元は転用に対する期待感で盛り上がっちゃって

図表10　都道府県別の担い手への農地集積率（2022年度）

単位：%

順位	都道府県	農地集積率	順位	都道府県	農地集積率
1	北海道	91.6	25	岐阜県	40.1
2	秋田県	71.3	26	茨城県	39.9
3	佐賀県	70.1	27	長野県	39.7
4	山形県	70	28	島根県	37.3
5	福井県	69.7	29	愛媛県	35.9
6	富山県	68.8	30	高知県	35.6
7	新潟県	66.4	31	鳥取県	33.4
8	滋賀県	65.8	32	山口県	33.1
9	石川県	64.2	33	埼玉県	32.8
10	宮城県	62.4	34	香川県	31.9
11	青森県	58.1	35	和歌山県	30.7
12	宮崎県	57	36	千葉県	29.2
13	福岡県	55.9	37	徳島県	28.7
14	岩手県	54.9	38	山梨県	28.6
15	栃木県	53.1	39	岡山県	26.6
16	熊本県	52	40	広島県	26.2
17	鹿児島県	45.5	41	東京都	26
18	大分県	45.2	42	兵庫県	25.9
19	長崎県	45	43	沖縄県	25.8
20	三重県	44.8	44	京都府	25.3
21	静岡県	44.6	45	神奈川県	21.5
22	群馬県	42.4	46	奈良県	20.4
23	愛知県	42.1	47	大阪府	12.7
24	福島県	40.6		全国	59.5

出典：農林水産省「農地中間管理機構の実績等に関する資料（令和４年度版）」

いる。転用への期待は、農地の集積を不可能にする。これを封じないと、農地バンクがあっても、さらなる集積はできない」

転用への期待はいまだに根強い。とはいえ、農家の高齢化と後継者不足で、これまで集積を足止めしてきた要素が揺らいでいるのは間違いない。このことは、農政が積年の課題を解決する後押しとなる。いよいよ農地の流動化が進む、そのとば口にある。

農政にとって農地の集積は、明治以来の課題である。それでいくと、熊本も含めて全国の農業は、「100年に一度」の比ではない、まさに千載一遇のチャンスを迎えている。本来、TSMCに浮かれている場合ではないのだ。

都道府県の担い手への農地の集積率は図表10のとおり。地域差が激しく、北海道が9割を超える一方、中国・四国地方は2割台から3割台にとどまる。

なぜこういった差ができるのだろうか。集積できるかどうかには、地理的な条件だけでなく、生産する品目も大きく影響する。全国一律に8割を集積することは、これから時間をかけたところで難しい。その理由と、地域の実情に合わせた集積の必要性を、本章ではみていきたい。

どん尻の北陸に意外な強み

農地の流動化が近年急速に進んでいる地域がある。富山、石川、福井という北陸3県だ。

この3県は、これまでの章でみてきた財政効率や生産性に基づく都道府県ランキングでは、常にどん尻に位置していた。理由は、需要も価格も低迷しているコメへの依存度が高いから。それゆえに農業産出額が伸び悩み、生産性が低くなっている。一方でコメに関連する予算が多く、財政効率は悪い。ところが、農業にとって最大の懸案である農地の流動化において、一躍、先頭集団を形成する。

一発逆転の指標は二つある。いずれも調べたのは、農政に資する調査研究を担う農林水産政策研究所の企画官である橋詰登《はしづめのぼる》さんだ。5年に一度実施され農業版の国勢調査といえる農林業センサスの分析において、橋詰さんは第一人者である。

指標の一つ目は、15年と20年を比べたときの「販売農家」の減少率である（図表11）。販売農家とは、経営耕地面積が30アール以上、または農産物の販売金額が50万円以上の農家を言う。これに満たない農家は、「自給的農家」と呼ばれる。

販売農家の減少率は、全国平均が22・7％で、北陸3県は30％前後と高くなっている。

図表11　販売農家の減少率（2015〜20年）

単位：％

順位	都道府県	販売農家の減少率	順位	都道府県	販売農家の減少率
1	福井県	35.9	25	鳥取県	22.0
2	富山県	32.4	26	長野県	21.8
3	岐阜県	30.1	27	徳島県	21.7
4	三重県	29.7	28	福岡県	21.6
5	石川県	29.0	29	香川県	21.5
6	滋賀県	28.5	30	福島県	21.4
7	山口県	26.9	31	兵庫県	20.9
8	秋田県	26.5	32	高知県	20.9
9	愛知県	26.1	33	宮崎県	20.5
10	広島県	25.9	34	愛媛県	19.7
11	大分県	25.5	35	栃木県	19.6
12	岩手県	25.2	36	青森県	19.5
13	沖縄県	25.0	37	熊本県	18.9
14	埼玉県	24.9	38	長崎県	18.7
15	島根県	24.9	39	東京都	18.1
16	鹿児島県	24.9	40	奈良県	17.9
17	群馬県	24.0	41	大阪府	17.9
18	宮城県	23.7	42	神奈川県	17.4
19	静岡県	23.3	43	山形県	17.2
20	茨城県	23.3	44	山梨県	16.7
21	新潟県	23.3	45	佐賀県	16.0
22	岡山県	22.6	46	北海道	15.4
23	千葉県	22.2	47	和歌山県	15.2
24	京都府	22.1		全国	22.7

出所：農林水産省「農林業センサス（2015年、2020年）」
橋詰登さんの資料より作成

1位福井、2位富山、3位岐阜、4位三重、5位石川の順である。

「農家が減るのは由々しき事態ではないか」と心配する読者もいるかもしれない。農家が減るにつれて耕作する農地が減り、農業生産が下火になるのではないかと。減少率で上位の県において、それは杞憂である。

「販売農家の減少率が高いところは、当然農地が流動化する」（橋詰さん）というのがその答えだ。結果として、「販売農家の減少率が高い都府県ほど、離農した農家の農地が大規模な経営体に集積されていく」。

これを裏付けるのが、二つ目の指標——10ヘクタール以上の経営体が耕作する農地面積の割合——である（図表12）。20年の都府県全体では36・5％にとどまるのに対し、北陸3県は50～60％台になっている。1位富山、2位福井、3位佐賀、4位滋賀、5位石川の順に高い。

とはいえ、農地の流動化には、放出される農地を引き受ける「担い手」が欠かせない。担い手がいない地域では、単に農地が耕作を放棄されて減る結果になる。

図表12　10ha以上規模層の経営耕地面積の割合　2020年

単位：％

順位	都道府県	経営耕地面積の割合	順位	都道府県	経営耕地面積の割合
1	北海道	95.7	25	長野県	31.5
2	富山県	66.5	26	鳥取県	30.7
3	福井県	60.2	27	熊本県	30.5
4	佐賀県	53.8	28	福島県	29.2
5	滋賀県	53.6	29	大分県	28.9
6	石川県	50.4	30	千葉県	26.5
7	岩手県	50.0	31	宮崎県	26.0
8	宮城県	48.5	32	静岡県	25.2
9	秋田県	48.3	33	岡山県	23.8
10	岐阜県	45.8	34	兵庫県	22.6
11	三重県	45.3	35	京都府	22.5
12	青森県	44.6	36	香川県	20.5
13	愛知県	42.4	37	沖縄県	16.1
14	山形県	39.2	38	高知県	14.9
15	島根県	37.9	39	長崎県	13.6
16	福岡県	37.7	40	愛媛県	12.2
17	新潟県	37.6	41	山梨県	11.7
18	栃木県	35.5	42	徳島県	9.6
19	茨城県	35.4	43	奈良県	7.3
20	山口県	34.9	44	東京都	5.0
21	埼玉県	33.3	45	大阪府	3.7
22	群馬県	32.4	46	神奈川県	2.7
23	広島県	32.3	47	和歌山県	1.1
24	鹿児島県	31.6		全国	55.3

出所：農林水産省「2020年農林業センサス」
橋詰登さんの資料より作成

劣化する「担い手」の定義

農水省によれば、担い手は「効率的かつ安定的な農業経営体」と、それを目指している経営体の二つである。

効率的かつ安定的な農業経営体とは、主な従事者が他産業と同じように働けば、同じ水準の生涯所得を得られる経営体を指す。商工業並みに儲けるということだから、単なる農家ではなく、第4章で紹介した「農業経営者」や「機関車農家」に当たるはずだ。経営を成長させられる才覚があり、産地を形成できるような経営体が育っていれば、流動化した農地は彼らに吸収されていく。そして農業の生産性が高まっていく。担い手の育成には元来、そういう好循環を生む意味があった。

ただし、現実にはこうした経営体が育っていない地域が多い。農水省は苦肉の策で、効率的かつ安定的な農業経営体を目指す経営体まで担い手に含めてしまった。基準を引き下げたぶん、農水省の言う担い手を育成しても、農業の生産性が向上するとは限らない状況にある。

「しっかりした担い手がいるところは、そういう担い手の層に農地が集積され、10ヘクタール以上の経営体による面積シェアの上昇が非常に大きくなります。北陸の富山、石川、福井では、集落営農の組織化が全国に先駆けて進みました。集落営農組織が法人化し、しっかりした経営に発展しているので、農地をどんどん集積してシェアを高めています」（橋詰さん）

「集落営農組織」は、地域の農地の維持や管理をする組織で、全国に存在する。個々の農家が単独で農業を続けることが難しくなった結果として、集落を単位に組織されることが多い。地域の農業にとって、「最後の砦」ともいわれる。その数は23年２月１日時点で１万４２２７に達していて、うち40・５％が法人化している。

集落営農組織の分布は地域差が激しい。北陸は先進地であり、組織数は東北に次ぐ２２８２で、全国にある集落営農組織の16％を占める。法人化している割合は57・１％と最も高い。

販売農家の減少率と10ヘクタール以上の経営体の面積シェアという二つの指標がともに高いところは、ほかに茨城、群馬、埼玉、愛知、岐阜、滋賀、山口などがある。「岐阜、滋賀、山口、佐賀なども、昔から集落営農組織が作られてきた地域」と橋詰さんは解説する。

2　北関東、埼玉、愛知では大規模農家が担い手に

近畿、山陽、山陰など西日本で目立つ担い手不足

ただし、集落営農組織は農地を集積するうえで必須の条件ではない。そのことを示す好例が茨城や群馬、埼玉、愛知だ。

「北関東の各県や埼玉、愛知は、集落営農組織もありますが、個別の大規模農家がしっかり育っている。そういうところが、この5年間に農地の集積を進めているんですね」(橋詰さん)

集落営農組織なり大規模農家なり、拡大できる体力のある経営体が存在すれば、農地の集積は進んでいく。

逆に集積が進まず、二つの指標でともに下位に付けているのは、近畿や四国の各県が多い。その差は「担い手がどれだけの厚みを持って地域で展開しているかの違い」だと橋詰さんは指摘する。

「最新の2020年センサスは、都道府県の間の格差が大きくなっている。担い手が不

足している近畿、山陽、山陰といった西日本の府県と、担い手が比較的厚く存在する東北や北陸の平場の水田地帯では、かなりの違いが出ている」

担い手の有無で地域差が広がっていることは、農地面積の増減をみても明らかだ。15年と20年を比べた経営耕地面積の減少率は、地域別にみると北海道が2・1％と最も低く、北陸がそれに次ぐ5・2％である。北海道は大規模な経営体力のある農家が多く、離農で出る農地のほとんどを吸収してしまう。

反対に減少率が最も高いのは21・4％の沖縄で、それに13・4％の四国、13・1％の山陽が続く。いずれも中山間地域といった条件不利地域をたくさん抱え、大規模な農家の少ない地域である。沖縄は他県と異なる特徴も多いため、詳しく解説した第3章もご覧いただきたい。

総じて、農地の集積が進む平場の水田地帯と、農地が耕作放棄される西日本の中山間地域というふうに、二極化が進んでいる。

解散や廃止相次ぐ集落営農組織

地域農業の「最後の砦」と位置づけられる集落営農組織には、陥落の危機に瀕しているところも少なくない。新たな設立がある一方で、後継者の不在や構成員の高齢化などを理由に、解散や廃止が相次ぐ。

一部の地域で先行的に立ち上げられていた集落営農組織が全国に広がったきっかけは、07年から実施された「品目横断的経営安定対策」だった。経営面積といった要件を満たす農家にのみ、経営安定のための交付金を給付するしくみだ。小規模農家は対象外だったため、交付金を受け取ろうと農地をまとめて組織を設立する集落が相次いだ。のちに面積の要件は撤廃されたものの、集落営農組織はそのまま残った。

それから15年以上が経ち、多くの組織が苦境に立たされている。とくに条件不利地域ほど利益を生めずに内部留保がままならず、機械や施設の更新に不安を抱えている。若手を雇用することができず、役員の世代交代もできず、役員が70代や80代になってしまっている。

集落営農組織の数は、17年の1万5136をピークに減少に転じた。23年の調査までの1年間に解散、廃止に至った数は、310にのぼる。

西日本の中山間地域にあり、成功事例として有名な集落営農組織に取材を依頼したときのこと。

「地域のさまざまな課題は、組織を作っただけでは解決していません」

電話口でこう切り出され、驚いた。

この組織は、高齢化や後継者不足といった地域農業の課題を解決したと行政や、全国紙や雑誌などのメディアによって強調されていたからだ。設立後、早くに若手を雇用した。生産したコメは、小売店から外食といった業務用までさまざまな販路で流通させている。優良な経営であるように映り、私もそう信じ込んでいた。

「正直、あまりうまくいっていると書いてほしくないんです。経営上、色んな課題があります。すごくうまくいっているみたいに持ち上げられては、困るんです」

若手もいるとはいえ、従業員の高齢化が進んでいる。高齢者は数年後に同じ仕事ができるかおぼつかない。それだけに、比較的若い30代～60代に技術を習得させ、生産性を向上しなければ、組織の維持が危うい。さらに、米価が下落基調であることがコメを主体とする経営への打撃となっている。話をしていて、「労働の環境や生産技術を向上させなければ」という危機感が伝わってきた。

集落営農組織は、往々にしてその設立を都道府県やＪＡなどが主導している。私も含めて記者は、県やＪＡを通じてそれらの組織への取材を申し込んだり、課題を聞き取ったりしがちだ。そうすると、経営の実態はオブラートに包まれ、都合の悪い情報は見えにくくなってしまう。

私にとって、集落営農組織の取材は毎度そういうものだった。そのため、当事者の切実な訴えにどう反応していいか分からず、うろたえてしまったのである。

拡大する地域間格差

集落営農組織の拡大の勢いが頭打ちとなったことは、農地の集積のあり方に変化をもたらしていると橋詰さんは話す。2015年センサスまでは、集落営農組織が農地を集積して面積を増やすことが主流だった。

「2020年センサスでは、集落営農組織も面積を増やしているけれども、スピードが相当鈍化している。新しく集落営農組織を作ってそこが農地の受け手になる動きが弱まり、既存の組織でも高齢化がかなり進んで、これ以上の農地を受け入れる力がなくなってきている」

それに代わって、20ヘクタールを超えるような規模の家族経営体が農地を引き受ける地域が出てきた。典型的なのは愛知をはじめとする東海。

「20ヘクタール以上の層におけるここ5年間の動きをみると、家族経営体の方が集落営農組織を含む組織経営体よりも面積を増やしているんですよ」

これまで集落営農組織によってなんとか農地を集積していたのが、大規模な家族経営体も含めて農地を引き受けるという方向へ変化している。そうなると、今後も農地の集積を進めるには、受け手となる家族経営体の有無が大事になる。

「大規模な家族経営体は、いるところといないところの地域差が、集落営農組織以上に大きい。それもあって、地域差はますます拡大していく」

橋詰さんは将来をこう予測する。

3　農家版「そして誰もいなくなった」

条件不利地域で進む耕作放棄

集落営農組織が存在する地域というのは、そもそも中核になるような大きな農家がいないために、苦肉の策として集落単位で組織を作っている。集落営農組織すら農地を引き受けられないとなってしまうと、農地は放棄されるより仕方ない。

アガサ・クリスティの推理小説に、孤島を舞台に登場人物が次々と死亡する『そして誰もいなくなった』がある。全国の少なくない条件不利地域で、農家がいなくなってしまう農家版の「そして誰もいなくなった」が、近い将来に現実になりそうだ。

農林業センサスは、15年を最後に耕作放棄地の統計をとるのをやめてしまった。そのため、耕作放棄地がどのくらい増えたかを把握することはできない。経営耕地面積は全国で6・3％減っているので、「条件不利地域では、かなりの農地が耕作を放棄されただろう」と橋詰さんはみている。

しかも、この傾向は加速するはずだという。

「今後、受け手のない農地が大量に出てくるとなると、そのかなりの部分は耕作放棄されてしまうでしょう。それは、条件の不利な中山間地域を多く抱える地域、県になる可能性が高い」

農地の減少が落ち着いてきた山陰

ところで、農地の減少率の上位3地域（沖縄、四国、山陽）から、条件不利地域の多い地方の代表格が漏れていることにお気づきだろうか。鳥取、島根がある山陰だ。その農地の減少率は10%。隣接する山陽より3ポイント以上低い。これには、島根で集落営農の組織づくりが盛んなことも影響しているが、「本当に条件の悪い農地は、20年くらい前にすでに耕作放棄されてしまっている」（橋詰さん）ことが大きい。

農水省は統計をとるうえで、地域の特性を区分する「農業地域類型」を設けている。このうち条件不利地域に当たる区分に「中間農業地域」と「山間農業地域」の二つがある。山間農業地域は、林野率80%以上かつ耕地率10%未満と定義される山あいの地域をいう。中間農業地域は、都市でも平地でもなく、山間にも当たらない、平地と山間の中間に位置する地域である。

「2020年センサスで農地面積が一番減少しているのは、中間農業地域です。山間農業地域ではありません」（橋詰さん）

山陰は山間農業地域の割合が高い。条件の不利さゆえに、農地の減少が先んじて進み、下げ止まっている。

農地の減少率で山陰を上回るのが、10・3%である東海だ。「岐阜や三重の中山間地域で結構面積が減ってきているのではないか」と橋詰さん。同じ地域に属していても、各県の集積の仕方は異なる。愛知県は、20ヘクタールを超える大規模な家族経営体が農地を集積している。かたや岐阜で集積を担うのは集落営農組織だ。

「三重はその中間で、大規模な家族経営体と集落営農組織が補完し合いながら農地を集積している。そういうふうに県によってずいぶん特色が違う」（橋詰さん）

4　集積遅れる果樹産地、山梨・和歌山・愛媛

高齢化で樹園地が廃園に

「中間農業地域には結構果樹が多い。樹園地の減少率は、田畑と比べて断トツで高くなっています。農家の高齢化と離農に伴って、廃園になるところがかなり出ている」

橋詰さんが解説するとおり、農地の減少率が全国平均で6・3％なのに対し、樹園地は15・6％。田の8・3％、畑の2％を大きく引き離す。

果樹栽培の盛んな地域では、農地の集積が進みにくい。人手がかかり労働集約的であるだけに、規模を広げるにも限界がある。

稲作だと、数ヘクタールしか耕作していなかった農家が周辺の離農に伴って一挙に20ヘクタール前後まで規模を拡大することもあり得る。

「水田地帯だと比較的大規模化が進みやすい。それに対して、果樹産地と都市近郊の都府県では、大規模な経営体への農地の集積が進みません」

山梨、和歌山、愛媛といった果樹産地、東京、神奈川、大阪といった都市圏では農地を集積する動きが鈍い。都市近郊で集積が進まないのは、収穫後の傷みが早いホウレンソウや小松菜といった軟弱野菜を施設で栽培する経営が多いから。栽培に手間がかかるだけに面積を広げにくい。さらに都市部は農地を宅地として開発する圧力が強く、地価が高いことも影響している。

労働力と技能が拡大の障壁

「果樹はもっとも集積が遅れている」

こう指摘するのは、野菜や果樹、花卉といった園芸作物の経営に詳しい名古屋大学大学院生命農学研究科教授の徳田《とくだ》博美《ひろみ》さんだ。

果樹は機械化でほかの品目より遅れ、労働集約的である。果実を間引きする「摘果」や、収穫の時期に多くの人手を要する。それだけに、規模を拡大しても、必ずしも生産性でより規模の小さい農家に対して優位に立つことにはならない。

労働力が足りないなら、雇用をするよりほかはない。そうではあるが、「なかなか雇用では、生産性を上げにくい」（徳田さん）。

農繁期が限られていて、一年を通じた雇用はできない。人手の必要な時期はどの農家も同じで、労働力の獲得において競合してしまい、必要な人数を安定して確保するのは難しい。加えて、「剪定のように技能や一定の熟練度を必要とする作業があるので、人を雇って任せる形だと、他の品目ほどはうまく行きにくい」（徳田さん）。

それだけに高齢な農家が離農すると、樹園地がそのまま廃園とされがちだ。国産の果実の供給量は減っていて、その価格は上がる傾向にある。このままでは、値上がりによって需要が減退してしまう可能性もある。

果樹のなかでもより技能を必要とするのが「落葉果樹」。夏から秋に実り、冬には葉を落とす果樹で、リンゴやブドウ、モモ、ナシ、カキなどである。

「落葉果樹の方が剪定といった作業に高い技能を求められるので、なかなか人を雇いにくいところがある」（徳田さん）

では、一年を通して葉を茂らせているカンキツやビワといった「常緑果樹」なら集積が進みやすいかというと、そう単純ではない。

「果樹で傾斜地が多いところはなかなか大規模化することが難しく、集積が進んでいない。たとえばカンキツの生産が盛んな愛媛がそう」

果樹が一度植えたら長年にわたって収穫する「永年作物」であることも、集積の足を引っ張る。

木がすでに植わっている農地を引き継げるから、初期投資が抑えられて利益を出しやすいとはならない。手放される樹園地は、往々にして条件が悪いからだ。老木で収量が低かったり、古い品種で人気がなかったり、木を植える間隔や樹高、枝の張り方といった仕立て方が作業の負担を減らすには不向きだったりしがちである。

永年作物であるだけに、農地の区画を整えたり広げたりする基盤整備をするには、木を伐採し、根を抜く手間がかかる。さらに、最大の問題となるのが、木を植え直してから数年間は実を結ばず、収入を得られないことだ。そのため樹園地の多くは、基盤整備を経ていない。傾斜があったり、狭かったり、道路とつながっていなかったりする。作業のために機械を入れたり、運搬に使う軽トラックで乗り付けることができなかったりして、作業のしやすさの面で劣ってしまう。

そんな果樹でも、農地を集積する条件が徐々に整いつつある。機械化が進んだり、作業の負担を減らす木の仕立て方が普及したりしている。後ほど説明するように、基盤整備を簡易に実施する産地も増えているところだ。

5 「みかん県」の生き残り戦略

愛媛は労働力の確保に不安

みかん県――。こう言われて思い浮かぶのは、和歌山、愛媛そして静岡ではないだろうか。このなかで、傾斜のきつい樹園地が多い、都市から遠く人手を確保しにくい、消費地から遠いという三重苦を背負っているのが、愛媛だ。

「カンキツの場合、どうしても収穫や摘果の作業に労働のピークが来るので、そのときにどう人を確保するかという問題があります。愛媛のなかでも、西宇和や宇和島といった大産地は、過疎化で労働力が少ないですから」（徳田さん）

和歌山も過疎化が進んでいるものの、大阪という大都市圏に隣り合う地の利がある。静岡最大のミカンの産地である三ヶ日は、浜松市という人口78万人を擁する政令指定都市にある。

「三ヶ日や和歌山は、もし労働力が集まらなくなったら、最後は労賃を上げてなんとか都市住民を呼び込もうということができます。愛媛の場合、地域外から泊まり込みでアルバイターを呼ぶことが行われていますが、立地条件の不利さはあります」（徳田さん）

ミカンをはじめとするカンキツは、愛媛県にとって農業の稼ぎ頭だ。県のマスコットキャラクター「みきゃん」は、顔がミカンの犬である。ミカンと犬の鳴き声の「キャン」をかけて、命名した。なぜ犬かというと、愛媛県の形が走っている犬に見えるからだという。九州へ向かって伸びる佐田岬が犬のしっぽらしい。いまだかつて犬に見えたことはないが、みきゃんは2015年の「ゆるキャラグランプリ」で準グランプリ（2位）に輝いたので、よしとしよう。

空の玄関口である松山空港には、国内線の到着ロビーにシャンパンタワーならぬ、「みかんジュースタワー」がある。グラスがピラミッド状に積まれた上に蛇口があり、そこからみかんジュースが注がれているさまをオブジェで表現している。

愛媛にはみかんジュースが出る蛇口がある。そんな都市伝説が広まったため、ならば作ってしまえと15年に設置した。県外から訪れる乗客は、松山に降り立つとまずこのタワーと対面することになる。

同県の農業の統計には、カンキツ生産の実態が多分に反映されている。農業産出額は1244億円（21年）で、中国・四国地方では2位、全国では24位に付けている。そのうち、カンキツの占める割合が30・6％で、ほかの品目より断トツに高い。

県農産園芸課の安西《あんざい》昭裕《あきひろ》さんはこう話す。

「愛媛県もご多分に漏れず、担い手が減少していて、耕地面積も漸減しているところです」

20年度の基幹的農業従事者は2万8654人で、15年に比べて19・8％減った。そのうち65歳以上の割合は74％で、15年に比べて4ポイント増えている。全国平均の70％よりも高齢化が進む。

県における担い手への農地の集積率は、22年度で35・9％。全国平均の59・5％とは開きがある。これには次のような事情があると、県農政課農地・担い手対策室の吉國《よしくに》忠《ただ》治《はる》さんは解説する。

「耕作面積の4割強を樹園地が占めており、手作業の多い樹園地だと、集積して大規模な経営をすることが難しいという事情があります。また、小規模な農地が点在している所も多いので、まとまった面積を担い手に貸し付けることが難しいという事情もあります」

農地中間管理機構を通じた貸借も盛んとはいえないのが現状である。

傾斜地という強みが課題に

樹園地に限らず、農地の7割が農業をするには環境の厳しい中山間地域にあり、基盤整備に遅れがみられたことも、障害になっている。農地に占める中山間地域の割合は全国平均が4割なので、愛媛県のそれは大幅に高い。

カンキツを生産するうえで課題となるのが、「樹園地の傾斜がきつく、労働生産性が悪い」（安西さん）ことだ。急傾斜の斜面に園地があることは、排水性が良くなるほか、木にまんべんなく光が当たりやすいという利点があった。

安西さんはこう強調する。

「カンキツの品質向上に役立っていた部分はあり、こうした条件は強みでもあったんです。けれどもこれだけ農家が高齢化し、人手が少なくなっていくなかで、大面積を楽に生産できないのは大きな課題だと捉えています。将来的には、快適にカンキツを作れるように樹園地の環境をどのように改善していくかが重要になる」

同県では、国の事業を活用した樹園地の大がかりな基盤整備も行われている。しかし、事業費が高額なために、工事ができるのはごく一部にとどまってきた。基盤整備をするには、地権者である農家も基本的に費用の一部を負担せねばならず、二の足を踏むからだ。そこで、同県は22年から安価にできる簡易な基盤整備も広めようとしている。

県農産園芸課果樹係長の大西論平《おおにしろんぺい》さんがこう解説する。

「公共事業で重機やダンプカーがどんどん入る基盤整備も大事なんですけど、農家個人でできる程度の整備もあって、県としてそれも推進しています。農家が所有する小型の油圧ショベルを使うことでできる整備を後押しして、広げていきたいと考えています」

具体的には、急な斜面にある、それこそ猫の額のような狭い樹園地をつなげて広くしたり、できるだけ作業道を整備して運搬をしやすくしたりする。県の事業を活用し、県内各地でモデル園地づくりを進めている。

作業道は通常、軽トラックが走行できる2～3メートルの幅を持たせる。ただ、樹園地にはそういう道を作れない狭くて傾斜のきつい条件不利地域もある。せめて運搬車が入れれば作業が楽になるとして、条件に合わせた整備を進めている。

「農家の間では樹園地の整備をやってみたいけれど、人を雇わなきゃできないイメージもあるんですよ。実際には、安全性さえ気を付けてもらえば、わりと簡単に自分でできる作業もあるということを分かってほしい」（大西さん）

カンキツは、老木になるほど年によって収穫できる量に差が出やすい。

「老木を伐採して新たな苗木を植えるときに、併せて樹園地を改修していきたい。長期にはなるんですけど、農家にそういう意識を持ってもらって、次の世代がおいしいカンキツを少しでも楽に作れる状態に持っていきたいですね」

平均5ヘクタールを目指す三ヶ日

条件の不利さを抱える愛媛。それでも、最大のミカン産地である八幡浜市についてみると、三ヶ日の経営規模とあまり変わらなくなってきている。徳田さんは次のように指摘する。

「八幡浜も三ヶ日も農地がほとんど樹園地なので、農家の面積規模にカンキツ農家のそれが表れていると理解できるんです。２０２０年センサスをみると、農家の面積規模があまり変わらなくなっていて、ともに3ヘクタール以上の農家が増えています」

三ヶ日はもともと土地の傾斜が緩く、条件に恵まれている。さらに樹園地をならし、農道を付ける整備を行って、農薬の散布に使うスピードスプレイヤー（SS）といった農機を入れられるようにした。基盤整備には、国際交渉のガット・ウルグアイ・ラウンドを受けて、国が1994〜2001年度に計上した対策費などを活用してきた。

ガット・ウルグアイ・ラウンドは、農業貿易の自由化を目指し、1993年に合意した。農産物の関税率を引き下げることになったため、農業への影響を緩和するためとして、8年間で6兆100億円もの対策費が用意された。農業と関係ない温泉や芸術関連の施設の整備に対策費を使う地域が多く、国内の農業を強化するという肝心の目的が達成されなかったと批判を浴びている。

その点、三ヶ日は対策費を有効活用して、生産の基盤を強化した。SSと小型の油圧ショベル、フォークリフトが農家の間で普及していて、規模を拡大する素地が整っている。いまは産地として、農家の規模を平均で5ヘクタールにすることを目指す。

ほとんどが傾斜地の八幡浜で同じ目標を掲げることは現実的ではないが、「3ヘクタールであっても、いまの価格水準であれば年間1000万円以上の売上が立つので、じゅうぶん食べていけます」（徳田さん）。

6　リンゴの新技術導入で先んじる長野

見慣れたリンゴ園は過去のものに？

国内で収穫量の多い果物といえば、リンゴと温州ミカンが双璧をなす。2022年産の収穫量は、それぞれ73万7100トンと68万2200トンだ。リンゴは収穫量の60%を青森県が、18%を長野県が占め、この2県でおよそ8割に達する。

リンゴ園というと、広々とした樹園地に大きな木がまばらに植えてある。そんな景色が思い浮かぶのではないだろうか。リンゴの一大産地である青森県弘前市には、まさにそういう樹園地が広がっている。

ところがいま、まったく違う栽培方法が青森、長野の両県によって推奨されている。「高密植わい化栽培」とか「新わい化栽培」と呼ばれ、木を高い密度で一直線に植え、大きく成長させずに樹高を低くする。わい化は漢字で書くと「矮化」で、一般的な大きさよりも小さく作るという意味だ。

木が並ぶ列と列の距離を広くとり、軽トラックや農機が入れるようにする。脚立に乗らなくても地上に立ったままできる作業を多くし、負担を軽くする。農家の高齢化と減少がすすむなかで、省力的でかつ木を植えてから収穫できるまでの年数が短く、面積当たりの収量が高くなる技術として、広がりつつある。

長野県果樹試験場が開発し、08年から県内で推進してきた。青森県も近年、推進するようになった。長野県が先んじた理由を徳田さんはこう説明する。

「農家の面積規模でみると、長野が青森よりもだいぶ小さく、面積当たりの収量を高める技術を先んじて入れている。さらに、わい化といった新しい技術は、雪にあまり強くありません。青森でリンゴの生産が盛んな津軽地方に比べて積雪量の少ない長野の方が導入しやすい面もあります」

全国に拡大中の「トレーニングファーム」

果樹では、かつて1人で経営する適正規模は1ヘクタールとされていた。

「1人1ヘクタールという言い方は、いまも残っていると言えば、残っています。ただ、いかにそれを乗り越えるかが課題。現状は、1人1・5ヘクタールといった、これまでの目安を超える規模であっても、生産性を落とさないで経営できる状況になりつつあり

ます」（徳田さん）

とはいえ、１００ヘクタールを一つの法人で経営できる稲作と比べて、規模の拡大に限界があるのが園芸だ。

「法人化して事業として行うのがなかなか難しいだけに、家族経営か、そこに1人程度のプラスアルファの雇用を入れるにしても、ある程度の数の経営体を確保しないと、生産を維持することが難しい。ですから、新たな担い手の形成が大きな課題です」

３ヘクタールのカンキツ農家は従来に比べるとじゅうぶん大きい。それでも、たとえば愛媛県内で21年に栽培されていた温州ミカンの総面積、５５５０ヘクタールを維持するには、１８５０戸もの農家が必要になる。

新規就農者を確保するため、全国的に広がりつつあるのが「トレーニングファーム」だ。

「ＪＡや行政、場合によっては農業法人が遊休化した園地を借りて、そこを再整備しながら、新規参入者を研修するなり、雇用するなりして受け入れて、最終的に園地をその人に引き渡すというようなもの。全国各地で試みられていきます」（徳田さん）

早くから取り組んできた例としては、長野県のＪＡ信州うえだ（上田市）の子会社

「信州うえだファーム」がある。2000年に設立され、同JAの管内での新規就農希望者におおむね2年間の研修を行う。研修生が農地を確保できるよう、研修で使う樹園地をのれん分けしたり、農地の賃借を斡旋したりと手厚い支援をしている。

大規模な法人による実践例もある。

「大規模な経営をしている農業法人には、自分たちだけでは産地を維持できないと考えているところが結構あるんです。新規就農者を積極的に受け入れながら、将来彼らを独立させ、地域全体の生産を維持しようとしています。有名なのが、山梨県山梨市にある農業法人・山梨フルーツラインで、新規就農者の受け入れを一つの事業部門として行っています」（徳田さん）

「施設の流動化」で空きハウスを引き継ぐ

水田地帯と比べたときに、果樹や施設園芸が盛んな地域は集積の遅さが目立つ。ただ、売上でみると水田の大規模経営をはるかに凌駕する経営体が少なくない。

もともと狭い面積で高い売上を立てられるのが、園芸の特徴だ。さらに、果樹では加工を取り入れることで付加価値を高め、施設園芸ではロボットや情報通信技術を取り入れた「スマート農業」を駆使して生産性を向上させるといった工夫が行われてきた。

徳田さんは次のように解説する。

「施設園芸では、売上が数億から10億を超えるような経営も生まれている。ただ、面積でいえば、たかだか１ヘクタール前後で、10ヘクタールもあればかなりの大きさ。面積でみれば大したことはないけれど、施設園芸では規模の大きい層への集積が相当進んでいるのではないか」

一方で課題もあり、代表的なものが「施設の流動化」だ。高齢な農家が離農し出てくる空きハウスで、条件が良いものをいかに周囲の農家や新規就農者が引き継いで、有効活用するか。

「各地で試行錯誤されているはずだが、できているかというと、なかなか難しい面はある」

稲作農家の園芸への参入が進む北陸

近年、都道府県や農水省が発破をかけている園芸振興。これにより、稲作農家の園芸への参入が増えている。なかでも進んでいるのが北陸だという。

「北陸は水田地帯で園芸部門があまりなかったところ。いまや北陸の水田を主体とする大規模な農業法人のほとんどが、園芸作物に手を出しているんじゃないですか。北陸はほんとうに地元産の野菜が乏しかったので地元に需要があり、なおかつ、コメだけでは食えないという危機感で園芸振興が進んでいます」

野菜は生産量が減っている。一方で、スーパーといった量販店で地元産の新鮮な野菜を扱いたいという需要は高まっている。

「県内産の野菜を確保できないと悩む量販店もあるので、園芸振興はうまくやればそうしたニーズにはまるはず」(徳田さん)

園芸においては、非農家の新規就農、稲作農家の参入など、担い手の多様化を交えつつ、集積が進んでいきそうだ。

第６章　食料自給率――むしろ有害なガラパゴス指標

１　自給率が上がるほど都道府県の農業は衰退する⁉

自給率は高いほどいいという病

「日本は食料自給率が40％しかなくて大変だ」

１９８７年生まれの私は、小学校の社会科の授業でこう教えられた記憶がある。中学、高校でも同じことを言われ、社会に出てからは新聞やテレビからも繰り返し聞いてきた。

あれから四半世紀の間に微妙に変わったのは、その数字くらい。小学校の授業で初めて自給率を知った２０００年前後を調べると、その割合は40％だった。22年度は38％まで下がっている。

教科書や報道でよく出てくる自給率は、「カロリーベースの食料自給率」である。これは、エネルギー（カロリー）に着目して、国民１人に供給される熱量のうち、国内で生産された割合を示す。

学校の先生や、ニュースを読み上げるアナウンサーの言葉を鵜呑みにすれば、この間の日本はずっと〝大変〟であり、しかも状況は悪化していることになる。

そもそもこのカロリーベースの食料自給率を、日本の農業の現状を測るうえで重要な指標にしていいのだろうか。都道府県別にランキングしてみると、高ければいいという単純なものでないことが分かる（図表13）。

1位が223％の北海道なのは順当だ。なにしろ、コメ、ムギといった穀物や、国によっては主食となるジャガイモのように、カロリーの高い作物を生産している。

それに続くのが、204％の秋田。確かに秋田はコメばかり作っている印象があるものの、米どころは数あるなかで、なぜ2位に来るのか。

ここに面白いカラクリがある。人口が少ないほど、自給率は上がるのだ。

カロリーベースの食料自給率は、次のように計算する。


1人・1日当たり国産（県産）供給熱量÷1人・1日当たり総供給熱量

図表13　都道府県別カロリーベース食料自給率(2021年度概算値)

単位：％

順位	都道府県	カロリーベース食料自給率	順位	都道府県	カロリーベース食料自給率
1	北海道	223	25	三重県	40
2	秋田県	204	25	徳島県	40
3	山形県	147	27	愛媛県	37
4	青森県	120	28	岡山県	36
5	新潟県	109	29	群馬県	33
6	岩手県	108	29	香川県	33
7	佐賀県	95	31	沖縄県	32
8	鹿児島県	79	32	山口県	31
9	富山県	77	33	和歌山県	29
10	福島県	75	34	岐阜県	25
11	宮城県	72	35	千葉県	24
12	栃木県	71	36	広島県	22
13	茨城県	70	37	福岡県	20
14	福井県	65	38	山梨県	19
15	宮崎県	64	39	静岡県	16
16	島根県	63	39	兵庫県	16
17	鳥取県	61	41	奈良県	14
18	熊本県	58	42	愛知県	12
19	長野県	52	42	京都府	12
20	滋賀県	49	44	埼玉県	10
21	石川県	46	45	神奈川県	2
21	高知県	46	46	大阪府	1
21	大分県	46	47	東京都	0
24	長崎県	41		全国	38

出典：農林水産省「令和３年度（概算値）、令和２年度（確定値）の都道府県別食料自給率」

1人が1日に必要とするカロリーのうち、国産の食料で賄われた分ということだ。都道府県別の自給率を示すとなると、それは県産になる。

コメやムギといった穀物を作るほど、カロリーベースの食料自給率は高くなる。野菜と果物はカロリーが低いので、現状の自給率38％のうち、わずか2％と1％でしかない。

畜産物の自給率は、国産の飼料を与えたぶんしか反映されない。日本は飼料の大半を輸入に頼っているので、畜産は自給率全体のわずか3％にしかならない。それだけに、畜産が盛んで農業産出額4位の宮崎は、食料自給率が64％で15位に沈む。

食料自給率で2位の秋田は今後、そのパーセンテージを高め続けるはずだ。11年度は178％だったので、10年間の増加率は15％となる。これにだいたい対応するのが、人口の減少率だ。108万人から94万人（いずれもその年の10月時点）に減ったので、およそ12％の減である。同県の人口減少率は日本一で、コメを大幅に減産しない限り食料自給率は勝手に上がっていく。

「高ければいいってものでは、ないんですね」

知り合いの秋田県民にそのからくりを説明したところ、しみじみとこう言われた。

人口が減るほど、そして儲かりにくい穀物を作るほど、食料自給率は上がる。だから、その値が高いということは、一部の地域を除いて、農業が弱体化していることに外ならない。

農水省の一丁目一番地

カロリーベースで食料の6割以上を輸入する日本は、有事に備えて食料自給率を上げなければならない――。そんな主張をする農水省にとって、食料自給率は一丁目一番地である。

同省の元事務次官である渡辺好明さんは、「農水省が政策を作るうえで最も重視する指標は、『食料・農業・農村基本計画』に数字で載せています」と話す。同計画の筆頭にくる指標こそが、食料自給率だ。

同計画は、政府が中長期的に取り組むべき方針をおおむね5年ごとに定めるもの。72ページあるうち、3割近い19ページという紙幅を食料自給率に充てている。

目下、強力な追い風となっているのが、ロシアによるウクライナ侵攻。ロシアとウクライナという一大穀倉地帯で戦争が起きたため、穀物価格が一時暴騰し、世界の飢餓人口が増えた。

食料自給率の向上が絶対に必要だと受け止める人は多いし、マスコミもこぞってそう伝える。本当にそうだろうか。

都道府県には見向きもされず

農水省大臣官房政策課の食料安全保障室は、都道府県別の自給率を出している。

〈食料自給率目標の達成に向けて、地域段階での取組の推進のため、参考データとして利用してもらうことを目的に都道府県別の食料自給率を試算しました〉(農水省HP)

公表の理由をこう説明する一方で、「都道府県に対し、とくにこうしてくださいという働きかけはしていない」。

食料自給率を重視するのは国のみで、都道府県の農政はほとんど注意を払っていない。国からも、お宅の県は何%まで高めなさいという指導は、ない。知事が「わが県の食料自給率が低くて大変だ」と言っているのは耳にしたことがない。

結果として、そもそも自県の食料自給率を知っている人は少ないはずだ。

例外は北海道。カロリーベースの食料自給率で1位であるだけに、道は順位や223%という数字を比較的強調している。

同2位は204％の秋田県である。私は本書の取材を始めてからそれを知り、「え、そうだっけ」と驚かされた。過去に通信社の記者として秋田県庁の記者クラブに在籍し、3年近くその県政を取材していたが、知事や県の担当者が、そのことをことさら取り上げていた記憶はない。調べてみると、当時の県の資料には、2位であることがごくあっさりと書かれていた。

最下位は0％の東京、下から2位は1％の大阪、同3位は2％の神奈川となる。東京都の小池百合子《こいけゆりこ》知事にしろ、大阪府の吉村洋文《よしむらひろふみ》知事にしろ、「都（府）の食料自給率が低いのは由々しき問題」とか「我々の食料自給率が低いぶん、北海道や秋田県には大いに増産に励んでもらいたい」などと話しているのは聞いたことがない。

都道府県にとっては、食料自給率など他人事であり、あってもなくてもいいような指標なのである。

コメに偏り人口が減れば自給率アップ

食料自給率を引き上げる方法は単純だ。カロリーの高いコメをはじめとする穀物を増産し、逆にカロリーが低く計算される野菜や果樹、畜産などを減産すればいい。これはそのまま、自県の農業を儲からなくする方法となる。

人口が減ればなお良い。島根、鳥取というほかの指標でパッとしない両県が、16位と17位という悪くない位置に付けている。コメがそれなりに作られていて、人口が少ないからだ。

第2章で紹介したように、多くの県が需要の減るコメを減らし、代わりに野菜や花卉などの園芸を推奨している。それはすなわち、カロリーベースの食料自給率を引き下げることにほかならない。

食料自給率を高めるという国家目標のために、自県の農業を儲からなくしては本末転倒である。とはいえ、都道府県はその値を引き上げるつもりがさらさらないのだが。

そんな都道府県の姿勢を国は静観している。もとはといえば、国が実現不可能な目標を立てているからだ。

カロリーベースの食料自給率の目標値を見ていこう。20年に閣議決定された最新版の食料・農業・農村基本計画は、30年度に45%に高めると掲げている。

過去を振り返ってみると、10年に決定された基本計画は、20年度までに50%に引き上げると打ち出していた。現実はどうなったかといえば、20年度に37%という過去最低の記録を打ち立てていた。50％という目標は、大風呂敷もいいところだったわけだ。50％から45％に下方修正したから達成できるかというと、そうはならない。

渡辺さんはこう話す。

「基本計画の数字のなかで、一番実現性が薄いのが、カロリーベースの食料自給率なんです。農水省も、そこは分かっているはずですよ」

元事務次官、つまり事務方トップの言葉は重い。

予算獲得のための方便

もっとも重視する目標が、もっとも実現できそうにない。こんな逆説的なことが起きるのは、農水省にとって食料自給率が予算を獲得するための方便に過ぎないからである。カロリーベースの食料自給率には、たかだか37年の歴史しかない。その公表が始まったのは1987年度分からだ。くしくも、私と同い年ということになる。

考え出したのは、農水省である。渡辺さんはこう振り返る。

「これがあったら、財政当局に予算を要求する道具として便利ですね。農業にお金を注ぎ込まないと、日本は大変なことになりますよという、ある種の脅し。論より証拠で、カロリーベースの自給率なんて、日本以外に計算して発表している国はほとんどないですよ」

国際的に通用しない、極めて「ガラパゴス」な指標だという。

農水省は、日本のカロリーベースの食料自給率が低いと強調する。日本は食料自給率が算出できる13カ国のなかで、最下位の韓国の次に低い。２０２０年で比較すると、アメリカ１１５％、フランス１１７％、カナダに至っては２２１％なのに日本は37％……。

農水省はこうした比較をするため、ご苦労なことに統計を使って各国のパーセンテージを自ら試算している。日本と同じカロリーベースの食料自給率を自国で算出しているのは、スイスとノルウェー、韓国だけだからだ。

カロリーベースの食料自給率が編み出された当時、農相の所信表明の冒頭部分で「わが国の農業・農村をとり巻く情勢は誠に厳しいものがある。このような状況に対処して……」と切り出すのが定番だったと渡辺さんは振り返る。

「当時の大蔵省に対して、日本の農業はこれじゃ大変だから金をよこせという、長年来の保護農政の続きをやっていた。そういうわけだから、僕はカロリーベースの自給率は目標たりえないと言っているんですよ」

カロリーベースの自給率を国家目標にすることが、農業の過剰な保護につながり、あるべき姿から遠ざけてしまうのではないか。そんな指摘は、農業経済学者からもしばしばなされている。

2　なぜか食料自給率を自慢する7位の佐賀

「SAGA さが」で歌われた「一面田んぼだらけ」

国があまりにカロリーベースの食料自給率を強調するので、なかにはそれが高いことが偉いことであるかのように錯覚する県も出てくる。

バスにのって佐賀の県道を走ると
一面田んぼだらけ　まるで弥生時代

これは2003年のヒットソング「佐賀県」の一節。お笑いタレントのはなわが、ベースギターをかき鳴らしながら、出身地である佐賀の田舎ぶりを自虐的に歌い上げ、

「SAGA さが」と連呼する。全国チェーンの牛丼屋である吉野家がないとか、ヤンキーがもてることなどをネタにした後で、上述の歌詞になる。

同県を代表する観光地といえば、弥生時代の大規模な遺跡で、神埼市と吉野ヶ里町にまたがる吉野ヶ里遺跡。日本各地に稲作が広まった弥生時代に作られた、全長2・5キロメートルの壕に囲まれた環壕《かんごう》集落の跡である。

はなわは、いまでも水田が多いことを稲作が盛んだった弥生時代に重ね合わせて自嘲している。吉野ヶ里遺跡の主要な遺構がある住所は、田手《たで》。発掘前は民家と水田が広がっていたので、弥生時代と変わっていないと言えなくもない。

ミュージックビデオには、広々とした水田がこれでもかというくらい、繰り返し映し出されていた。

佐賀県は、農業産出額に占めるコメの割合が九州一高い18・5％（21年）だ。農業産出額は、21年に1206億円で全国27位、九州では最下位。全国2位の鹿児島（4997億円）、4位の宮崎（3478億円）、5位の熊本（3477億円）に大きく水をあけられている。

ピークだった1984年は1865億円だった。600億円以上減ったのは、そのぶんだけコメの産出額が減ったからだ。

自給率で議員定数を決める？　佐賀県知事のナンセンス

そんな佐賀が一発逆転できるのが、カロリーベースの食料自給率である。

「佐賀県は西日本ではトップ。95％を自分のところで生み出した食料で自給できています。ちなみに、大阪と東京は人口分の1％も、自給できないエリアなんです。ですので、やはり食の安全保障に大きく貢献しています」

山口祥義《やまぐちよしのり》知事は、2022年7月8日の定例記者会見でこう誇った。試算に使った農水省によって公表されている18年度の自給率だと、東京と大阪は1％だった。つい勢いで低く言ってしまうほど、自県が食料安全保障に貢献していることを強調したかったらしい。

ずいぶん前のめりな山口知事はこのとき、「都道府県の食料自給率を考慮して衆・小選挙区の定数を配分すると…？」という問題提起をしていた。ロシアによるウクライナ侵攻を引き合いに出した後、こう切り出した。

「こうやって国際的に非常にいま変動している中で、食料自給率というのが食料安全保障という意味で極めて大事だというふうに思っていますので。いま、例えば日本の国会議員というのは、人口だけで憲法上の要請で定数配分をしているわけですけれども、じゃあ、仮に……食料をどれだけ作り出しているかというカロリーベースで定数配分をしたらどうなるだろうか」

各県の衆議院議員の定数は、人口に応じて配分される。それをカロリーベース食料自給率に置き換えて配分したら、どうなるか。あまりに前のめり、かつ奇想天外な発想だ。

私は知事会見の動画をここまで見て、「何考えてるんだ」と当惑した。会見の最後の質疑応答で、記者からはこの問題提起に対して何の質問も上がらなかった。おそらく、どう受け止めていいのか途方に暮れていたのではないか。

山口知事は、わざわざ用意したパワーポイントを大画面のスクリーンに映し出し、指示棒を使って熱心に説明を続ける。

「試算をさせていただきましたら、東京都はいま、小選挙区30ありますけれども1になります。東京全都区、大阪も19が1になって、大阪全府区になります。ほかはどうかなということですが、佐賀県はいま、小選挙区2ですが5ということで、ぼちぼち増えるということになります」

その試算によると、北海道が12から59に、秋田が3から11、新潟が5から14、鹿児島は4から8に増える。

佐賀はかつて3選挙区あった。ところが、14年に「1票の格差」を是正するため議員定数を5議席減らした「0増5減」の対象とされ、2選挙区になってしまう。

その意趣返しでもあるのだろう。定数が5に増えると説明したときの山口知事は、マスクを付けているので表情を読み取りづらいものの、何となく嬉しげである。

最後にこう締めくくった。

「憲法改正――いま、憲法でやっぱり人口比例となっておりますので、そこは私は急務なのではないのかなというのは常に全国知事会でも申し上げているところなんですけれども。一つ考えるきっかけに、この食料をどれだけ生み出しているのかということ。もちろん、これだけで配分するのはナンセンスであるんだけれども、問題を考えるきっかけにしていただきたいということで今回、問題提起をさせていただいたところです」

自民党の推薦を受けている山口知事は、もとはといえば総務省のキャリア官僚だった。統計を使いこなすのが得意なのは分かるが、この提案に関しては、統計を処理する能力の高さを空回りさせてしまっている。

山口知事は、議員定数を人口に応じて配分する現状について、かねてから「地方の人口が減少する中で、本当に人口割合の定数でいいのか、憲法で決着をつけてほしい」と憲法改正を主張してきた。

カロリーベースの自給率で定数を割り振る案をよほど気に入ったようだ。この会見から20日後の7月28日、奈良市で開かれた全国知事会でも同じ問題提起をした。翌29日の佐賀新聞によると、「これは極論だが、国の形がドラスチックに変わる」と発言している。

23年になって、私が農水省職員に山口知事の提案について書こうと思っていると話したところ、「ああ、そんなこともありましたね」と言われた。よほどおかしかったとみえて、「はっはっは」という笑い声が、しばらく止まなかった。

「大きいことはいいことだ」信仰

「『大きいことはいいことだ信仰』にとらわれるべきではない」

食料自給率は高ければ高いほどいいと捉えがちな農政の態度を、渡辺さんはこう言って批判する。

1967年に森永製菓が目玉商品として発売した大型の板チョコ「エールチョコレート」。そのCMのキャッチコピーが、「大きいことはいいことだ」である。指揮者で童謡「一年生になったら」「歌えバンバン」などの作曲家である山本直純《やまもとなおずみ》が気球に乗って、指揮棒の代わりにエールチョコレートを手に摑んで盛んに振っている。彼が指揮するのは、地上にいる1300人もの群衆による大合唱だった。

歌いだしの言葉「大きいことはいいことだ」は、大きいのに値段が50円でお得だという商品のウリを分かりやすく伝えていた。それと同時に、東京オリンピックの3年後で、右肩上がりの高度経済成長まっさかりという時代の雰囲気を的確に捉えていただけに、CMも商品も大流行する。

その後も経済成長を続けた日本は、質より量から、量より質の時代へと移っていく。一時代を画したエールチョコレートは、88年頃に販売を終えた。

農業も、国民を何とかして食わせるという戦後のカロリー重視から、付加価値を重視する形に変わっていく。食の洋風化が進み、コメの1人当たり消費量が落ちる代わりに、畜産物や野菜、果樹などが増えた。

都道府県のなかには、こうした需要の変化を機敏に捉え、コメから畜産や野菜、果樹へと転換するところが相次ぐ。第1章でみたように、大消費地である東京に近い関東甲信、畜産を栄えさせた南九州などがそうだった。

経済成長と反比例して、カロリーベースの食料自給率は右肩下がりを続ける。下がった理由は、80年代までと90年代以降で異なる。

80年代までは国内の農業生産が拡大を続けたものの、それを凌ぐ勢いで農畜産物の消費が伸びていた。飽食の時代に農業が追い付けなかったと言える。つまり、カロリーベース食料自給率が生まれた時点では、それまでの自給率の低下は農業の衰退を意味していなかった。

対して、90年代以降は農業生産が縮小していき、自給率が下がる。農水省は、農業の衰退が始まる前に自給率を根拠に「大変だ」と言い出した。そう言っているうちに、ほんとうに農業の衰退が始まってしまった。「オオカミが出た！」と退屈しのぎに繰り返し嘘をついていた、イソップ童話のオオカミ少年のようなものだ。

童話では、しまいには少年の言うことを誰も信じなくなり、オオカミが現れて羊を皆食べてしまう。国内でよく読まれる絵本の場合、少年も一緒に食べられてしまう。

その点、農水省は国民や財務省に信じてもらえただけ良かったが、羊に当たる国内農業は危うくなっている。このままでは寓話通りの破局に至らないとも限らない。

3　自給率0％でもすごい東京の農業

実は健闘している大都市圏

カロリーベースの食料自給率が低い大都市圏の農業はダメかというと、そうでもない。

食料自給率は、国が目標数値を出しているものだけで5種類もある。カロリーベースよりも早い1960年度分から発表されているのが、生産額ベースの食料自給率である。次のように計算する。

国内生産額÷国内消費額

国全体だと63％となり、カロリーベースの38％より大幅に高い。これほど差が開くのは、輸入農産物が概して国産よりも安いから。

生産額ベースとカロリーベースの両方で、44〜47位という下位集団に付けるのが埼玉、

図表14　都道府県別生産額ベース食料自給率（2021年度概算値）

単位：%

順位	都道府県	生産額ベース食料自給率
1	宮崎県	286
2	鹿児島県	271
3	青森県	240
4	北海道	220
5	岩手県	197
6	山形県	175
7	高知県	169
8	熊本県	159
9	長崎県	142
10	佐賀県	140
11	秋田県	138
12	鳥取県	129
13	長野県	120
14	和歌山県	119
15	愛媛県	115
16	茨城県	113
17	徳島県	110
18	大分県	106
19	新潟県	100
19	島根県	100
21	栃木県	99
21	山梨県	99
23	群馬県	88
24	福島県	84
25	宮城県	82
26	香川県	81
27	岡山県	61
28	三重県	59
29	富山県	53
30	静岡県	52
30	沖縄県	52
32	福井県	48
33	千葉県	46
34	石川県	43
34	岐阜県	43
34	山口県	43
37	広島県	38
38	滋賀県	34
38	福岡県	34
40	兵庫県	32
41	愛知県	28
42	奈良県	21
43	京都府	18
44	埼玉県	15
45	神奈川県	11
46	大阪府	5
47	東京都	2
	全国	63

出典：農林水産省「令和３年度（概算値）、令和２年度（確定値）の都道府県別食料自給率」

神奈川、大阪、東京だ（図表14）。いずれも生産額ベースの数字が、カロリーベースより高くなっている。限られた農地で高い売上を立てる、土地生産性の高い農業を実践しているからである。

小池都知事は農業で人気取り？

カロリーベースで0％、生産額ベースで2％なのが東京だ。自給率がパッとしない一方で、その農業は近年、盛り上がりを見せている。新規就農者が一時の倍以上に増え、農作業を手伝う「援農ボランティア」も増えている。アパートや駐車場を壊して農地にする補助事業まで行われている。

意外なことに、東京都の農業に対する支援は他県に比べて手厚い。理由は大きく二つある。

一つには、国の法改正で都市部の農地に対する考え方が大きく変わり、都市農業を継続する環境が整ってきたから。都市の農地は長年、「宅地化すべきもの」と位置づけられてきたが、農地として「あるべきもの」へと変わった。詳しくは後ほど解説したい。

もう一つには、小池知事が農業を重視しているから。小池知事は「風見鶏」と揶揄されるほど、世論に敏感だ。都民の間で農業を含む一次産業に対する関心が高まっていることを機敏に捉え、その期待に応える政策を打っている。空気を読むのに長けているからこそ、農業と向き合う姿勢に首尾一貫したところはない。

農業に対して無知であることを、人気取りのために打ち上げた政策で露呈してしまった。それが2023年に実施した「東京おこめクーポン事業」。物価高に苦しむ所得の低い世帯を支援するとして、住民税が非課税の世帯に1万円相当、約25キログラムのコメを配付するものだ。コメがいらない世帯もいるということで、最終的には野菜や飲料なども選択肢に含めた。

対象となる174万世帯に25キロのコメを配付する場合、必要なコメの総量は4万3500トンに上る。全国で収穫された2022年産米は670万トンなので、その0・65%に当たる。

これだけの量を行政が配っては、コメの流通が攪乱されてしまう。配付された世帯がコメを当面買わないのはもちろん、25キロと量が多いこともあって、転売や譲渡もなされる。都内の米穀店や量販店ではコメの売れ行きが悪くなる。米穀卸といった中間流通を担う業者も、都から事業を受託したJA全農（全国農業協同組合連合会）を例外として、取扱量を減らすことになる。

ＪＡ全農はＪＡグループの全国組織で、農産物の販売を担う。都は、事業を実施できるのはＪＡ全農をおいてほかにないとして、入札を経ることなく事業の契約先に選んだ。「都の政策が裏目に出て、本来あるべき商流が狂ってしまった。これでは民間の事業者が不利な競争を強いられる『民業圧迫』じゃないですか」

ある米穀卸はこう憤る。

影響は流通だけでなく、産地まで及ぶ可能性がある。

「品質も、何年産かも問われないコメが配られたため、まずいとか食べられないといった苦情も寄せられていると聞く。低い品質のものが市中に大量に出回ったことで、米価の低下にもつながりかねない。都がコメ以外の食品に配付の対象を広げたぶん、事業を当て込んで確保していたコメが余り、安値で売りに出されているという話もある」（先の米穀卸）

本来商品となるものを無償で配っては、市場が混乱するのは当然だ。農業を支える姿勢を見せつつ、明らかに足を引っ張る政策を、目玉として掲げてしまう――。流行に敏感だが行動に一貫性がないという、小池知事らしい話である。

事業費は296億円に達した。174万世帯に1万円の現金を配っておけば、174億円で済んだはず。差額の122億円とコメ産業に与えた負の影響を、どう考えればいいのだろうか。

新規就農が右肩上がり

コメの無償配付で市場を攪乱した小池知事ではあるが、都内の農業にはテコ入れする姿勢をみせる。その政策や、農業の盛り上がりをみていく前に、東京の農業の概要を押さえておきたい。

当然のこととして、都道府県中47位となる指標が多い。農業産出額の196億円（21年）、農業経営体数の5117（20年）、耕地面積の6410ヘクタール（21年）がいずれもそうである。

消費地が極めて近いという強みを生かした農業が営まれている。出荷量や収穫量が全国有数の作物もある。全国1位の切り葉とブルーベリー、3位のパッションフルーツ、4位の小松菜などがそうだ。

切り葉とパッションフルーツは、伊豆諸島や小笠原諸島といった島嶼部で盛んに生産される。小松菜は収穫後の傷みが早い軟弱野菜で、江戸時代から栽培されてきた。

消費者が近くにいるぶん、農業に関連する事業が盛んだ。農産物の加工額は５位、農家レストランの売上額は12位（いずれも21年度）と、全国でも高い方となる。

新規就農者の数は19年まで減少する傾向にあったが、同年の28人で底を打ち、その後は一転して増加が続く。20年46人、21年67人、22年は77人となっている。

「農業に対する興味、あるいは東京農業に対する認知度が高まってきていることが、背景としてあると考えています」

都農林水産部農業基盤整備担当課長の河野《こうの》章《あきら》さんはこう説明する。

36年で都内の農地は半減

新規就農するに当たって最大の壁となるのが、農地をどこで借りるか。全国共通の問題ながら、都内はより深刻だ。理由は、もともと農地が少ないうえに、その減少率が全国平均と比べて高いから。

農地の面積の推移をみると、１９８５年に１万２５００ヘクタールあったのが、２０２１年に６４１０ヘクタール。48・７％の減と、ほぼ半減している。全国平均は19・１

%の減少にとどまり、東京の減少率は大幅に高い。

「とくに市街化区域については、農地として使える場所が、ほんとうに限られているところがあります」（河野さん）

市街化区域は、都市計画における地域区分の一つで、すでに市街地となっている区域と、おおむね10年以内に開発して市街化すべき区域を指す。国土交通省は、都市の人口が増えていることを理由に、市街化区域の農地を「宅地化すべきもの」と位置づけてきた。

その結果、都内では「就農する、あるいは既存の農家が規模を拡大するに当たって、農地を見つけることのハードルが非常に高い」（河野さん）状況になっている。

それが、15年の「都市農業振興基本法」の制定を契機として、国は方針を転換した。市街化区域内の農地でも、農業を振興するようになったのだ。

この方針転換を受けて、都は市街化区域における農業の振興にそれまで以上に力を入れるようになった。その一例が、農地を創出する事業である。アパートや駐車場、住居などを農地として整備する費用を補助するという、全国的にも珍しい取り組みだ。

既存の農家が農業生産以外に使われている土地を活用して規模の拡大を図る場合に、

2分の1を上限に、建築物の基礎や舗装の撤去にかかる経費を補助する。

遊休農地を再生する経費も3分の2を上限に補助している。都農業振興課課長代理の木下高一《きのしたこういち》さんは、「木の伐採や伐根、整地などを補助していて、新規就農者が借りた農地を再生するために活用することが多いです」と話す。

農地の創出と再生を手掛ける事業は、18年度に始めた。これまでに19の区と市町村で13・7ヘクタールの農地を創出したり再生したりした。23年度からはそれまで市街化区域を対象としていた農地の創出に関する補助メニューを都内全域に広げ、補助額の上限を一部で撤廃するなど、内容を拡充した。

「農地が増えることは、何物にも代えがたい」と河野さん。

都内の農地は近年、年間およそ100ヘクタールのペースで減っている。

「それを解消するのが究極的な目標ではありません。少しでも歯止めをかけられるように、この事業をしっかりと周知しながら、一件でも多く活用してもらうことが大事だと思っています」

カロリーベースの自給率と反りが合わない日本

都道府県を見渡すと、東京のように生産額ベースの食料自給率がカロリーベースのそれを上回るところが多い。農業がどの程度栄えているかをみるには、人口に膾炙しているカロリーベースよりも、生産額ベースの方がふさわしい。

アメリカに次ぐ世界第2位の農産物輸出国であるオランダがまさにそうだ。カロリーベースは20年に61％に過ぎないが、生産額ベースは181％（18年）の高さになる。

都道府県でいうと、オランダに近いのは長野（52％、120％）、高知（46％、169％）、熊本（58％、159％）、宮崎（64％、286％）、鹿児島（79％、271％）など。いずれも、園芸や畜産が盛んで、付加価値の高い農畜産物を県外に「輸出」している。

カロリーベースの食料自給率が高いのは、173％のオーストラリアや115％のアメリカなどだ（20年）。国土が広く、規模を拡大して効率を高め、安い穀物を大量に生産して輸出する国だ。日本はこれらの国に比べて国土が狭い。そのぶん、第4章でみたように、土地生産性を高めることで農業を発展させてきた。カロリーベースの食料自給率とは本来、反りが合わないお国柄である。

それなのに、国家目標にするにはふさわしくないものが、まるで大黒柱であるかのように、農政の真ん中に据えられている。そのことは農水省の予算獲得には役立ったかもしれないが、肝心の農業は衰退させてしまったのである。

おわりに

農水省がまた、訳のわからん指標を出してきたな……。

2023年9月、農業専門の日刊紙・日本農業新聞の記事に載っているランキングを見てこう思った。

このとき同省が初めて発表したのは、「有機農業」の栽培面積の市町村ランキング。耕地面積に占める有機農業の割合が高い市町村の上位に入るのは、1位の高知県馬路村を除き、失礼ながら「ここ、どこ?」と思うところばかりだった（図表15）。馬路村は、ユズが名産で、ポン酢をはじめとする加工品が全国に流通する。それ以外は、農業産出額が低く、農業で注目されることの少ない市町村が並ぶ。

有機農業は、化学的に合成された農薬や肥料を使わない。除草や虫害への対策に手間がかかり、収量や品質を安定させるのが難しい。その生産性は、規定の範囲内で化学的に合成された農薬や肥料を使う「慣行農業」に比べて劣る。

本書はこれまで、農業をいかに効率的に行えるようにし、成長させていくかに重点を置いて農業をみてきた。農家が高齢化して減るなか、1人当たりでこなせる面積の限界を超え、生産性を上げる。有機農業は、そんな大きなうねりと逆行する。

有機農業を拡大する国家戦略が、同省が21年に策定した「みどりの食料システム戦略」だ。50年までにその割合を25%、およそ100万ヘクタールに高めるとしている。

図表15　耕地面積に占める有機農業の割合が高い市町村　2021年度

順位	市町村	有機農業の取組面積(ha)	耕地面積に占める割合
1	馬路村（高知県）	52	81%
2	西川町（山形県）	75	15%
3	柴田町（宮城県）	123	13%
4	小坂町（秋田県）	90	11%
5	江津市（島根県）	63	10%
6	大蔵村（山形県）	121	9.8%
7	様似町（北海道）	92	8.9%
8	大野市（福井県）	367	8.7%
9	北中城村（沖縄県）	5	8.7%
10	綾町（宮崎県）	59	8.6%

出典：農林水産省「日本の有機農業の取組面積について」
注：一定程度以上、有機農業の取組面積を把握していると回答した753市町村のうち、公表について「可」との回答があった市町村のみを掲載

現状は、21年に農地の0・6%、面積にして2万6600ヘクタールに過ぎない。

同省は、ランキングを作った狙いを「先進的な市町村を示すことで、有機農業の取り組みを横展開したい」（持続・有機農業推進チーム）からだと説明する。これまで把握できていなかった市町村の現状を調査できたとして、次のように強調した。

「有機農業は難しいのではないかという声がある。けれども、上位の市町村では、農地に占める割合が10％を超えているところがいくつもある」

確かに、上位の5市町村で、有機農業の割合は10％以上となっている。だが、それを理由に有機農業の比率を全国で高められると結論付けていいのか。同省は面積を集計しただけで、その内実までは把握していない。

2位の山形県西川町からして、有機農業は風前の灯火だ。

山岳信仰の聖地として知られる月山のある同町は、農業産出額が県内で最下位。農家の年齢の構成はというと、70歳以上が67％を占める。高齢化や後継者の不足でコメを作る労力が確保できなくなった農地で、ソバを有機で栽培している。

ソバは土が乾燥していたり、痩せていたりする環境でも育ち、栽培に手間がかからず、化学農薬や化学肥料といった資材にかかる経費も少ない。そのため、条件が不利な農地の多い過疎地でよく栽培される。

日本農業新聞は23年9月26日付の記事で、同町の状況を「収量が少なく単価が安いソバ栽培の先行きは見通せない」と伝える。

ランキングの結果をどう受け止めているか、同町農政係に尋ねてみた。

「率直なところ、有機農業を促進したから拡大したわけではない。ソバの作付けを推進したところ、こういう結果になったというか、なってしまった。いまの気持ちをと言われても……」と困惑したようすである。

ランキングを通して、農水省はいったい何を言いたいのだろうか。

その公表後に、数値の一部に誤りがあったと訂正まで出している。甚だしくは、アール（a）をヘクタール（ha）に取り違え、実際の面積の100倍にしてしまった市町村まであった。

有機農業の拡大は、基本的には新たな予算を獲得し、地方に補助金を分配するための方便である。中身はともかく、打ち上げ花火のように目立つことが大切なので、今回のように意味の乏しい発表がなされてしまう。

近年、同じような予算を獲得する道具として登場したものには、ほかにICT（情報通信技術）やロボットを活用する「スマート農業」や、安全で栄養価の高い食料を合理的な価格で入手できるようにする「食料安全保障」がある。いずれも、重要には違いないが、投じられる多額の予算や労力と効果が釣り合っていない。

「国が補助すればするほど、あるいは保護すればするほど、農業の成長が阻まれてしまう。基本的にそういうことだと思います」

同省の職員が就く最高の職位である事務次官を18年まで務めた奥原正明さんは、こう言って補助金はばらまくのではなく、農業の発展に本当に必要なものに限定し、メリハリをつけて使うべきだとする。それでもバラマキが止まらないのは、農業団体がそれを求め、自民党は選挙を考えてそれに応えようとするから。そして、同省が自民党の方を向いて仕事をしているからだ。職員が出席しなければならない自民党の農林部会や各種の委員会は、連日のように開かれている。

「自民党にがんじがらめに縛られている。自民党は、次の選挙に向けて農業団体の要請に応えていることを示したいので、連日の会合でそういう圧力をかけてくる。それに迎合して、補助金を取ることが仕事だと思っている職員も多い」

こう苦言を呈する。

「補助金を配りさえすれば農業が発展するわけではない。それはこれまでの歴史を見ても明らか。これからの農業を発展させていける意欲と能力を持った専業的な農業経営者に農地を集積・集約し、自由に経営展開できる環境を作ってあげることが最も重要」

そうではあるが、農水省は、自民党が吹かせる風を受けてくるくると向きを変える風見鶏と化している。

ならば、現場に近い都道府県こそ、地域の実態に即して農業を成長させる政策を打てるはずだ。そう思いたいところだが、都道府県にしても、農水省や知事の意向に振り回されている。

東北をはじめ、各地の農政とかかわってきた宮城大学名誉教授の大泉一貫さんは、都道府県から農政で独自の路線を打ち出す気概がなくなってきたと嘆く。

「昔からさして独自の政策はなかったけれど、人数だけはやたらめったら多かったですね。県庁のビルで、商工労働部が一つの階の半分くらいを占めているとすると、農林部は2階分くらいを占めていて、農政こそが地方経済の基盤だというような我こそは中心だという意識があった。最近は人数は依然として多いけれど、国の下請け仕事ばかりやっている」

多くの県は、地元の農業の成長よりも、国から割り当てられた目標の達成を優先する。とくに、生産調整の割り当てを実働部隊としてこなすことに汲々としている。その結果、当事者としての意識を欠きがちだ。

その一例が、農業における喫緊の課題との向き合い方に現れていたと奥原さんは指摘する。それは、自身が局長を務めていた経営局が、農地中間管理機構を各県の第三セクターとして設立したときのこと。機構には、農家が規模を拡大しやすいように農地を集積できるよう促進するという重要な役割があった。

「県庁のＯＢが機構の理事長になれるから、天下り先ができてよかったねと喜んだ県もあるんですよ。そういうことでは、困る。自分の県の農業を機構を使って発展させていこうという意思が必要です」

職員が仕事をするうえで、必ずしも農家の方を向いていないことも、農政を歪ませてしまう。農家の利益よりも庁内で評価されるか、つまり知事の覚えがめでたくなるかを優先しがちだ。

ここ数年、道府県によるブランド米の開発と発売が相次ぐ。岩手の「銀河のしずく」、宮城の「だて正夢」、秋田の「サキホコレ」、山形の「雪若丸」、新潟の「新之助」、福井の「いちほまれ」、富山の「富富富《ふふふ》」……。挙げていくとキリがない。

発売したてのころは、広告による露出が多く、スーパーの棚にも並ぶ。ただ、ブランド米が氾濫し戦国時代のような様相を呈しているので、棚には一握りしか残れない。多くは淘汰され、消費者から忘れられていく。

道府県が予算を投じて売れないコメを開発する理由を、コメの買い付け担当者はこう解説する。

「コメが高く買われるしくみをつくると、選挙の一票に結びつきやすいんだ。もともとコメに興味のなかった知事が、選挙の一票になると聞いて、目の色を変えた県もある」

県の農政は、農水省や知事の気まぐれに振り回される。農業を成長させる県と、そうならない県の違いは結局、農家と「保護農政」の距離感にある。保護農政は、農家に補助金を配ったり、農産物の価格をつり上げたりして、離農を思いとどまらせる役割を負ってきた。

農家がコメの生産調整に象徴される保護農政にどっぷり浸かって、補助金が配られるかどうかばかりを気にするか。あるいは、経営をどう成長させるかを自分で考えるか。

上位の県ほど、農家はある意味、農政を超越していて、その動向と関係なしに経営を発展させている。

「都道府県の農政というのは、農業を振興するために必要があるかと言ったら、はっきり言っちゃえば、必要ないわけですよ」

大泉さんはこう話す。理由は、多くの県が「農業を成長させる政策を打つことを躊躇してしまっている」から。都道府県は保護農政の後ろ向きな政策に馴れっこになっている。だから、農家が高齢化で一気に離農する好機を迎えても、農業を成長させる前向きな政策を打ちあぐねてしまう。

農政が栄えるほど、農業は衰退する。逆に、農業が栄えるほど、農政が衰退するということにもなる。

農業が政治力を借りずとも自ら走っていける。そういう環境にある都道府県こそが、これからも成長を続けて行くだろう。

本書を執筆するにあたり、多くの方々にご協力をいただいた。ここまで名前を書いてこなかった方では、高崎経済大学地域政策学部准教授の宮田《みやた》剛志《つよし》さんに、群馬の農業の歴史についてお教えいただいた。ジャーナリストの窪田《くぼた》新之助《しんのすけ》さんには、多くのご教示をいただいた。ここにお礼を申し上げたい。

2023年10月

山口亮子

主要参考文献

新井祥穂／永田淳嗣　『復帰後の沖縄農業——フィールドワークによる沖縄農政論』（農林統計協会、2013年）

大泉一貫　『希望の日本農業論』（NHK出版、2014年）

大泉一貫　『フードバリューチェーンが変える日本農業』（日本経済新聞出版社、2020年）

奥原正明　『農政改革——行政官の仕事と責任』（日本経済新聞出版社、2019年）

川口祐男　「富山県の水稲品質向上にむけた田植時期繰り下げの取り組みについて」月刊誌『農業および園芸』2011年4月

川島博之　『「食料自給率」の罠《ワナ》——輸出が日本の農業を強くする』（朝日新聞出版、2010年）

窪田新之助　『GDP4％の日本農業は自動車産業を超える』（講談社、2015年）

窪田新之助　『データ農業が日本を救う』（集英社インターナショナル、2020年）

窪田新之助　「農業法人で『高知県一』の給与を払える理由　高給を支える契約栽培と多収」マイナビ農業　2020年12月1日

窪田新之助「平均年商5000万円をけん引する『渥美半島の伝説』 国内最高級の菊の生産と販売をする集団」マイナビ農業 2021年3月17日
小林信一「酪農の役割と持続的発展の方向」季刊誌『農村計画学会誌』2019年9月
斎藤功「小学校・中学校の農繁休暇の展開と地域性―松本盆地を事例として―」『地域調査報告』第17号 1995年
佐々田博教『農業保護政策の起源――近代日本の農政1874～1945』（勁草書房、2018年）
生源寺眞一『日本農業の真実』（筑摩書房、2011年）
暉峻衆三『日本の農業150年――1850～2000年』（有斐閣、2003年）
永田恵十郎（編著）『講座 日本の社会と農業 3 空っ風農業の構造』（日本経済評論社、1985年）
本間正義『農業問題――TPP後、農政はこう変わる』（筑摩書房、2014年）
山口二郎「戦後政治における平等の終焉と今後の対立軸」日本政治学会編『年報政治学2006-Ⅱ 政治学の新潮流』2007年
渡辺好明「日本農業が生き抜くため必要な都道府県別自給率の見方」Wedge ONLINE 2022年9月20日

初出一覧

第2章　2　「関東随一のコメどころが始める園芸シフト　2050年の茨城農業はどうなる?」マイナビ農業　2023年8月9日

3　「『コメの一本足打法』から卒業?　アフターコロナで新潟農業が迫られる変化」マイナビ農業　2023年8月12日

第3章　1　「転換期の沖縄農業（下）人手不足、規模拡大阻む」宮古毎日新聞　2023年8月13日

1　「転換期の沖縄農業（上）農家と農地、5年で急減」宮古毎日新聞　2023年7月30日

2　「研究者が『入力ミス』を疑うほど農地が急減…沖縄のサトウキビ農家の『大量離農』が止まらない根本原因」プレジデントオンライン　2023年11月30日

3　「いつかマツコと有吉に食べさせたい…テレビで『味付けしてない里芋』と酷評されたドラゴンフルーツ農家の叫び」プレジデントオンライン　2023年10月24日

第4章　4　「農業系YouTubeを見る時間も給料が出る…基本給20万円の高知のキュウリ農家に応募が殺到するワケ」プレジデントオンライン　2023年7月18日

5　「園芸で面積当たり産出額断トツ1位の高知県。さらなる反収アップへ、植物のインターネット『IoP』を本格運用」マイナビ農業　2023年6月22日

5　「農薬費、防除時間を大幅減。農業大国オランダから取り入れた、IPM技術とデータ農業」マイナビ農業　2023年7月1日

第5章

1　「農地の集積が進む北陸と東海、進まぬ西日本の条件不利地――。『2020年農林業センサス』から見えた都道府県、地域ブロックの動向」マイナビ農業　2023年9月1日

4　「高齢化と離農が進む園芸作物。農地の集積進まぬ背景、担い手確保の動きは」マイナビ農業　2023年9月21日

5　「耕作面積の7割が中山間地域。柑橘王国・愛媛の人口減少時代に生き残る戦略」マイナビ農業　2023年6月1日

第6章

3　「新規就農者が倍増　東京の農業が盛り上がる理由」マイナビ農業　2023年10月8日

＊いずれも、本書掲載にあたり、大幅に加筆修正しています。右記以外は、書き下ろしです。

山口亮子　ジャーナリスト。京都大学文学部卒、中国・北京大学修士課程（歴史学）修了。時事通信記者を経てフリーに。共著に『誰が農業を殺すのか』『人口減少時代の農業と食』などがある。

Ⓢ新潮新書

1026

日本一《にほんいち》の農業県《のうぎょうけん》はどこか
農業《のうぎょう》の通信簿《つうしんぼ》

著　者　山口亮子《やまぐちりょうこ》

2024年1月20日　発行

発行者　佐藤隆信

発行所　株式会社 新潮社

〒162-8711　東京都新宿区矢来町71番地
編集部(03)3266-5430　読者係(03)3266-5111
https://www.shinchosha.co.jp
装幀　新潮社装幀室
図表製作・本文レイアウト　クラップス

印刷所　錦明印刷株式会社

製本所　錦明印刷株式会社

ISBN978-4-10-611026-9　C0261

Ⓢ新潮新書

1018
貧乏ピッツァ
ヤマザキマリ

極貧の時代を救ったピッツァ、トマト大好きイタリア人、世界一美味しい意外な日本の飲料、亡き母の思い出のアップルパイ……食の記憶と共に溢れ出す人生のシーンを描く極上エッセイ。

1020
世帯年収1000万円
「勝ち組」家庭の残酷な真実
加藤梨里

タワマンや高級車なんてもってのほか！　カツカツの生活を耐えしのんだ先に待つのは「所得制限」と「老後不安」だった。「勝ち組」家庭のシビアなお金事情を徹底分析。

1017
男と女
恋愛の落とし前
唯川恵

不倫はすることより、バレてからが本番――36歳から74歳まで12人の女性のリアルな証言を恋愛小説の名手が冷徹に一刀両断。珠玉の名言にあふれた「修羅場の恋愛学」。

1015
引きこもりの7割は自立できる
二神能基
久世芽亜里

「信じて待つ」「まずは親子の対話から」「本人の意思を尊重」では何も変わらない。「一歩踏み込む」支援によって、自立への道に繋げよ！引きこもり支援団体創設者による最終回答。

1007
ウクライナのサイバー戦争
松原実穂子

もともとは「サイバー意識低い系」だったウクライナは、どのようにして大国ロシアと互角以上に戦えるまでになったのか。サイバー専門家によるリアルタイムの戦況分析。

新潮新書

971
山奥ビジネス
一流の田舎を創造する
藻谷ゆかり

人口減？　地方消滅？　悲観するな。日本の田舎は宝の山だ！　高付加価値の山奥ビジネスや、明快なコンセプトを掲げて成功した自治体の事例から、「一流の田舎」の作り方を考える。

942
マツダとカープ
松田ファミリーの100年史
安西巧

世界初のロータリーエンジン搭載車を販売し、国内屈指の人気球団も作った「尖った経営」の原点とは。4代100年に及ぶ、「不屈のDNA」を継ぎし者たちのファミリーヒストリー。

935
「やりがい搾取」の農業論
野口憲一

構造化した「豊作貧乏」から脱し、農家が農業の主導権を取り戻すためには何をすればいいのか。民俗学者にして現役レンコン農家の二刀流論客が、日本農業の成長戦略を考え抜く。

922
ビートルズ
北中正和

グループ解散から半世紀たっても、時代、世代を越えて支持され続けるビートルズ。音楽評論の第一人者が、彼ら自身と楽曲群の地理的、歴史的ルーツを探りながら、その秘密に迫る。

912
ビジネス戦略から読む美術史
西岡文彦

フェルメールの名画は「パン屋の看板」として描かれた⁉　美術の歴史はイノベーションの宝庫だ。名作の背後にある「作為」を読み解けば、「目からウロコ」がボロボロ落ちる！

Ⓢ新潮新書

913
決定版 大東亜戦争（上）
波多野澄雄　赤木完爾
川島　真　戸部良一
松元　崇

正しく「大東亜戦争」と呼称せよ――。当代最高の歴史家たちが集結、「あの戦争」の全貌を描き出す。二分冊の上巻では開戦後の戦略、米英ソ中など敵国の動向、戦時下の国民生活に迫る。

914
決定版 大東亜戦争（下）
戸部良一　赤木完爾
庄司潤一郎　川島　真
波多野澄雄　兼原信克

日増しに敗色が濃くなる中での戦争指導、終戦とその後の講和体制構築、総力戦の「遺産」と「歴史の教訓」までを詳述。当代最高の歴史家による「あの戦争」の研究、二分冊の下巻。

887
半グレ
反社会勢力の実像
「NHKスペシャル」取材班

「自分は絶対に捕まらないですよ」。人材養成、手口、稼ぎ方……分厚いベールに包まれた組織の実態を、当事者たちが詳細に語る。『NHKスペシャル』待望の書籍化!!

885
ブラック霞が関
千正康裕

朝七時、仕事開始。二七時二〇分、退庁。官僚のブラック労働を放置すれば、最終的に被害を受けるのは我々国民だ。霞が関崩壊を防ぐ具体策を元厚労省キャリアが提言。

861
美術展の不都合な真実
古賀　太

入場前から大行列、一瞬だけ見る「屈指の名画」、お土産ショップへ強制入場――「美術展ビジネス」の裏事情を元企画者が解説。本当に観るべき展示を見極めるための必読ガイド。